E. A. Kozlowska · D. Nuber

Leitfaden der praktischen Mykologie

E. A. Kozlowska · D. Nuber

Leitfaden der praktischen Mykologie

Einführung in die mykologische Diagnostik

Mit 70 s/w Abbildungen und 78 Farbabbildungen

Blackwell Wissenschafts-Verlag Berlin · Wien 1996
Oxford · Edinburgh · Boston · London · Melbourne · Paris · Yokohama

Blackwell Wissenschafts-Verlag GmbH
Kurfürstendamm 57, D-10707 Berlin
Zehetnergasse 6, A-1140 Wien

Blackwell Science Ltd
Osney Mead, GB-Oxford OX2 0EL
25 John Street, GB-London WC1N 2BL
23 Ainslie Place, GB-Edinburgh EH3 6AJ

Arnette Blackwell SA
1, rue de Lille, F-75007 Paris

Blackwell Science, Inc.
238 Main Street, 5th Floor, USA-Cambridge,
Massachusetts 02142

Blackwell Science Pty Ltd
54 University Street, AUS-Carlton, Victoria 3053

Blackwell Science Japan
290-2 Nase Totsuka, J-Yokohama

Dr.med. Ewa A. Kozlowska
Dietlinde Nuber, em. MTA

Klinik und Poliklinik für
Dermatologie und Venerologie
der Universität zu Köln
Lindenthal

D-50924 Köln

Titelbild: *Ontogenese von Aspergillus nidulans*
1. Ascospore, 2. Myzel, 3. Konidienträger, 4. Konidiospore, 5. Anlagen der Sexualorgane, 6. Ascogon vom Antheridium umwunden, 7. junges Kleistothezium mit ascogenen Hyphen, 8. Kleisthotezium mit jungen Asci, 9. Kleisthotezium mit reifen Asci, 10. Ascus, 11. Ascospore

Die Deutsche Bibliothek – CIP-Einheitsaufnahme

Kozlowska, Ewa Agnieszka:
Leitfaden der praktischen Mykologie : Einführung in die mykologische Diagnostik / Ewa A. Kozlowska ; Dietlinde Nuber. –
Berlin ; Wien ; Oxford [u.a.] : Blackwell Wiss.-Verl., 1995
ISBN 3-89412-210-2
NE: Nuber, Dietlinde:

ISBN 3-89412-210-2 · Printed in Germany

Einbandgestaltung: Rudolf Hübler, D-12683 Berlin
Herstellung: Schröders Agentur, D-14199 Berlin
Satz: Schröders Agentur, D-14199 Berlin
Schrift: New Baskerville
Lithographie: Büscher Repro, D-38104 Braunschweig
Druck: Druckhaus Schöneweide, D-12439 Berlin
Bindung: Dieter Mikolai, D-10587 Berlin
Gedruckt auf chlorfrei gebleichtem Papier

Lieber ein Pils vom Fass ...

Ein Mensch, der schrecklich Fußpilz hat,
gibt gern dem frommen Wunsche statt,
es möge seines Schmerzens Quelle
verlagern sich an and're Stelle.
Er hält es nämlich für gewiß,
der Fußpilz sei ein Ärgernis.

Gerührt von seines Kummers Flehen
entfährt der Fußpilz seinen Zehen
und rückt den freigeword'nen Schmerz
dem Wunsch entsprechend anderwärts.
Der Mensch, nunmehr den Pilz im Ohr,
ist unzufrieden wie zuvor
und sucht den Fußpilz zu bereden,
den Schmerz von neuem zu verlegen.

Vertrieben schon zum zweiten Mal,
schlüpft nun der Pilz ins Genital.
Der Mensch geschunden ungemindert,
fühlt sich noch obendrein behindert.
Im Bette muß er liegen still
und kann nicht lieben wie er will.

Nun endlich hart geprüft durch Qual,
läßt er dem Pilz nicht mehr die Wahl.
Er geht zum Arzt, holt Medizin,
wird bald gesund, der Pilz ist hin.
Der Mensch kann wieder pilzfrei schlafen
im fremden wie im Heimathafen.

H.-H. Rieth, Hamburg, frei nach Eugen Roth

Geleitwort

Ausgehend von den langjährigen Erfahrungen des mykologischen Labors der Hautklinik der Universität zu Köln haben Frau Dr. Kozlowska und Frau Nuber versucht, die wichtigsten Punkte dieses für die praktische Dermatologie so wichtigen Bereiches zusammenzufassen. Zu den Schwerpunkten des so entstandenen Leitfadens der praktischen Mykologie gehören Pilzerkrankungen der Haut sowie deren Anhangsgebilde. Dieses praxisorientierte Werk soll allen Dermatologen, die mit Pilzerkrankungen bei ihren Patienten konfrontiert werden, sei es täglich oder nur gelegentlich, ein Leitfaden sein. Die Übersichtlichkeit des Werkes erlaubt eine schnelle Information zu Entnahmetechniken, Transport, Aufarbeitung und Auswertung des gewonnenen Materials. Die Beachtung dieser Hinweise ist häufig entscheidend für eine aussagekräftige mykologische Diagnose im Labor. Ergänzend bereichert werden die Ausführungen zur angewandten medizinischen Mykologie durch eine kurze Einführung in die allgemeine Mykologie sowie einen Überblick über moderne Therapiemöglichkeiten. Das Werk ist reich bebildert. Neben Zeichnungen der mikroskopischen Bilder besprochener Pilzarten finden sich die Farbabbildungen der jeweiligen Kulturen. Zusätzlich ist das Buch mit Farbtafeln ausgestattet, die einen Überblick über die Hauptmanifestationen von Pilzerkrankungen der Haut geben. Das Werk ist in erster Linie als praktische Einführung sowie als Hilfe zur Einarbeitung ins mykologische Labor für Assistenten gedacht, kann aber auch als Unterstützung in der Praxis verwendet werden. Ich glaube, daß dieses Buch eine wichtige Ergänzung zu den Lehrbüchern für Dermatologie darstellt und wünsche ihm guten Erfolg.

Juli 1995

Thomas Krieg
Professor für Dermatologie und Venerologie
Direktor der Universitäts Hautklinik
Köln

Danksagung

Wir bedanken uns bei:
Herrn Prof. Dr. med. Th. Krieg und Herrn Prof. Dr. med. H. Merk für die wohlwollende Unterstützung unseres Vorhabens.
Herrn Prof. Dr. W. Meinhof für die Bereitstellung zweier Abbildungen,
der Firma Janssen für die Überlassung sämtlicher weiterer Abbildungen zu Pilzkulturen,
Frau Dr. rer. nat. D. Rosen von der Firma Janssen für die fachmännischen Korrekturen und Anregungen zu unserer Arbeit,
dem Fotolabor mit Frau Kunick und Herrn Reinhold,
der Firma Janssen für die großzügige finanzielle Unterstützung, die die Publikation dieses Buches ermöglicht hat
sowie bei
Frau Dr. med. T. Schubert vom Blackwell Wissenschafts-Verlag für die Unterstützung und gute Zusammenarbeit im Bemühen um die Herausgabe dieses Buches.

E. A. Kozlowska, D. Nuber

Vorwort

Die zuverlässige mykologische Bestimmung hat in allen Bereichen Bedeutung, in denen Pilze eine Rolle spielen, d. h. außer der Medizin, und hier u. a. in der Allergologie, auch in der Veterinärmedizin, Pharmakologie, Nahrungsmittelindustrie, Land- und Forstwirtschaft sowie auch im Antiquitätenbereich (Bücher, Kunstwerke, Möbel u.s.w.).

Die Anregungen zu diesem Büchlein gaben viele Fragen der Kollegen vor allem unserer Klinik zur praktischen mykologischen Diagnostik und zur Interpretation der einzelnen Befunde.Wir konzentrierten unsere Aufmerksamkeit auf die mykologische Labordiagnostik des klinischen Alltags. Fachlich bedingt werden im wesentlichen Mykosen der Haut und ihrer Anhangsgebilde berücksichtigt. Kurz werden einige typische Bilder dieser Erkrankungen und die Problematik der antimykotischen Behandlung dargestellt. Die Arbeit richten wir an praktisch tätige Kollegen, vor allem Dermatologen aber auch alle diejenigen, die im mykologischen Labor tätig sind. Die vorliegende Zusammenstellung soll Ihnen ein guter Begleiter in der mykologischen Diagnostik sein, sowie Verständnis und Freude an der Mykologie vermitteln.

E. A. Kozlowska, D. Nuber

Inhaltsverzeichnis

A Einleitung

1 Kurze Einführung in die allgemeine Mykologie

1.1 Pilze als eigenständige biologische Entität

Die Stellung der Pilze zu anderen Organismen ist wie folgt zu definieren:

- **Pilze** (Fungi) sind chlorophyllose (keine Photosynthese), eukaryontische, kohlenstoffheterotrophe (benötigen organisches Kohlenstoffsubstrat) Thallophyten. Ihr meist vielzelliger Körper ist aus Zellfäden (Hyphen), deren Wände bei den meisten Pilzen aus Chitin bestehen, aufgebaut.
- **Eukaryonten** (Tiere, Pflanzen, Pilze) sind Organismen, deren Zellen durch einen *Zellkern* charakterisiert sind.
- **Thallophyten** (= Thalluspflanzen, Lagerpflanzen) sind niedere Pflanzen, wie Algen, Pilze, Flechten, Moose, deren Vegetationskörper nicht in Wurzel, Sproßachse und Blätter gegliedert ist.
- **Thallus** ist ein vielzelliger Vegetationskörper der niederen Pflanzen, der nicht in echte Organe gegliedert ist und keine oder eine nur wenig ausgeprägte Gewebedifferenzierung aufweist.

1.2 Morphologische Grundelemente

- **Hyphe** ist eine fadenförmige Grundstuktur der Pilze, die septiert oder unseptiert und oft verzweigt sein kann. Hyphen der niederen Pilze, wie z. B. Mucor, sind meist unseptiert und die der höheren, wie z. B. Trichophyton, meist septiert.
- **Substrathyphe** ist eine in den Nährboden (Kultur) wachsende Hyphe = vegetative Hyphe.
- **Myzel** ist ein Geflecht aus mehreren Hyphen.
- **Vegetatives Myzel** ist ein aus den Substrathyphen aufgebautes Geflecht.
- **Luftmyzel** sind aus den Substrathyphen aufragende Seitenhyphen, deren Ernährung durch die Substrathyphen erfolgt. Hier entsteht eine andere Wuchsform, die mit einer Umstellung des Stoffwechsels einhergeht – diese kann makromorphologisch erkannt werden. Die Oberfläche des Luftmyzels kann sich pudrig, wattig oder glabrös zeigen, es weist mikroskopisch Konidien oder andere Fruktifikationsorgane auf.
- **Pseudo*myzel*/Pseudo*hyphen*** sind verlängerte Sproßzellen, die selbst wieder sprossen oder aber sich in echte Hyphen verwandeln können. Durch die aneinanderhängenden, in den meisten Fällen langgestreckten Sproßzellen täuschen sie einen echten Pilzfaden vor.
- **Sproßzelle** ist die unizelluläre ovale oder runde Hefe.

1.3 Vermehrung und Wachstum der Pilze

Vermehrung/Wachstum der Pilze erfolgt zentrifugal an der Peripherie des Thallus. Die erste Phase einer Kolonie (Thallus) ist die *vegetative*, die aus einander ähnlichen Zellen besteht. Ernährungsmäßig ist jede Vegetationseinheit selbständig. In der zweiten, der *Fruktifikationsphase* bilden sich die morphologischen Merkmale, die in der Diagnostik taxonomisch ausgewertet werden (Luftmyzel, Fruktifikationsorgane).
Die Klassifikation der Pilze anhand der Merkmale der Geschlechtsorgane, wie bei den Pflanzen, ist nur bedingt möglich, da bei den medizinisch wichtigsten Pilzen kaum sexuelle Fruchtformen bekannt sind. Aus diesem Grund werden sie **„Fungi imperfecti“** genannt. Diejenigen Dermatophyten und Hefen, bei denen sexuelle Fruchtformen beobachtet werden, zählen zur Gruppe der **„Fungi perfecti“**.

1.3.1 Vegetative Entwicklungsphase

Sporen (z. B. Konidien, Chlamydosporen) oder andere Pilzelemente quellen unter entsprechenden Bedingungen unter Wasseraufnahme. Sie bilden Ausstülpungen und formen sich zu **Keimhyphen** um.

- **Keimung** geht an bestimmten Stellen der Zellwand von den vorgebildeten Keimporen oder Keimspalten aus. Die Keimung ist beendet, sobald die erste Querwand (Septum) gebildet ist. Es folgt die Bildung von weiteren Querwänden (Septen). Besonders die Hyphen der höheren Pilze zeichnen sich durch Septen in gleichmäßigen Abständen aus. Hyphenwachstum vollzieht sich hauptsächlich unmittelbar hinter der Hyphenspitze, denn dort ist die Zellwand formbar. Daneben entstehen auch unregelmäßige seitliche Ausstülpungen, die sich nach der Art der Hyphenspitze bilden (Seitenhyphen).

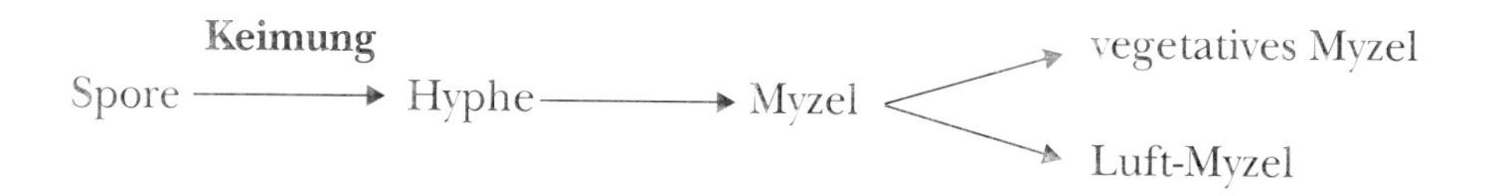

- **Die Sprossung:** An einer Stelle der Zellwand (Sproßpore), die sich auflöst tritt ein Teil des Protoplasten der Mutterzelle aus. Gleichzeitig beginnt die Kernteilung (Mitose). Dieser Protoplast ist selbst von einer dünnen, plastischen Zellwand umgeben und kann einen oder oder mehrere Zellkerne enthalten. Die Tochterzelle reift bis ungefähr zur Größe der Mutterzelle heran und wird dann durch die Verengung des verbindenden Isthmus abgeschnürt. Die Mutter- und Tochterzelle sind sich im ausgereiften Zustand immer in Form und Größe ähnlich.

Sprossung
Sproßzelle ⟶ Blastosporen ⟶ Kolonie

- **Biphasisch** bezeichnet man Pilze, die bei Körpertemperatur durch Sprossung (hefeartig) und bei niedriger Temperatur durch Hyphenentwicklung wachsen, z. B. Sporotrix, Blastomyces, Histoplasma, Coccidoides, Paracoccidoides. Nährbodenmedien, die Blut enthalten, fördern besonders bei Körpertemperatur das hefeartige Wachstum. Die Hefeformen leben parasitär, während Myzelformen durch saprophytäre Lebensweise charakterisiert sind.

Merke: Nicht alle Hefen sind Candida

1.3.2 Fruktifikative Entwicklungsphase

- **Fruktifikationsformen** sind Reproduktionsorgane der Pilze, die der Vermehrung und der Verbreitung dienen.
- **Konidien** sind ungeschlechtlich entstehende Verbreitungskörper der höheren Pilze. Wir unterscheiden Mikro- (ein- bis zweizellig) und Makrokonidien (mehrkammrig). Im mikroskopischen Kulturpräparat (Zupf-/Baumwollblauabrißpräparat) wird unter anderem durch dieses Merkmal die Differenzierung der Pilze ermöglicht.
- **Blastosporen** sind durch Sprossung entstandene Keime.
- **Chlamydosporen**, auch Dauersporen genannt, werden von vielen Pilzen bei einer Unterversorgung gebildet. Sie sind dickwandig und daher widerstandsfähig, z. B. gegenüber extremen Temperaturveränderungen. Chlamydosporen sind weiterhin reich an Nährstoffen und können auch Reservestoffe aus benachbarten Zellen aufnehmen. Durch ihre Widerstandsfähigkeit haben sie eine lange Überlebensdauer und dienen somit der Arterhaltung. Einige Pilze bilden auch Chlamydosporen, ohne unter Mangelbedingungen zu leben. Bei Candida albicans haben diese Zellformen große Bedeutung bei der diagnostischen Artbestimmung.

1.4 Lebensformen und Lebensbedingungen der Pilze

Pilze können verschiedene Lebensformen repräsentieren:
- Symbiose (z. B. Algen und Pilze = Flechten)
- Parasitismus
- Saprophytismus.

Pilze produzieren – wie schon erwähnt – kein Chlorophyll. Sie können CO_2 nicht assimilieren, somit benötigen sie als Nährstoff einige Substrate, wie z. B. Kohlenstoff, Stickstoff, Vitamine, Schwefel.
Das Nährstoffangebot wirkt dadurch selektiv, daß verschiedene Pilze es unterschiedlich nutzen, und zwar, je nachdem welche Stoffe sie davon verwerten können. Diese Eigenschaft kann man bei der Differenzierung anwenden:
- als unterschiedliches Nährstoffangebot in den Nährböden
- als spezifischer Zusatz zu den Nährböden = Stimulans.

Die **Temperatur**ansprüche in Hinblick auf das Pilzwachstum können sich durch veränderte Bedingungen (Hemmstoffe, Ernährungsangebot, osmotische Verhältnisse) verschieben. So werden z. B. Kulturen mit Schuppen-, Nagel- und Haarmaterial bei Raumtemperatur 20–25 °C und das Material von Patienten mit Systemmykosen sowohl bei 25 °C, als auch im Brutschrank bei 37 °C bebrütet.
Licht wird von vielen Pilzen überhaupt nicht benötigt. Zur Bildung von Fruktifikationsorganen ist Licht *nicht* erforderlich.
Ausbreitung und Neuansiedlung von Sporen sind durch Transport über z. B. Luft, Wasser, Tier, Mensch und Erdteilchen möglich.

1.5 DHS: **D**ermatophyten – **H**efen – **S**chimmelpilze

DHS ist diagnostisch, klinisch sowie therapeutisch eine in der medizinischen Mykologie als brauchbar erwiesene Einteilung. Im folgenden stellen wir einige Beispiele humanpathogener Pilze im Rahmen des DHS-Systems:

D	H	S
Trichophyton rubrum	Candida albicans	Aspergillus fumigatus
T. mentagrophytes	C. tropicalis	A. niger
T. verrucosum	C. glabrata	Scopulariopsis-Arten
Microsporum canis	Trichosporon-Arten	Cephalosporium-Arten
M. gypseum	Rhodotorula-Arten	
M. audouinii	Cryptococcus-Arten	
Epidermophyton floccosum	Pityrosporum-Arten	

B Grundsäulen der mykologischen Diagnostik

1 Voraussetzungen der erfolgreichen mykologischen Diagnostik

1.1 Anamnese

Eine mykologisch adäquate Anamnese sollte Fragen nach Anbehandlung, Auslandsaufenthalt (Tourismus) und Tierkontakt berücksichtigen.

1.2 Wood-Licht

Wood-Licht ist die langwellige UV-A-Strahlung (Max. 365 nm), die zur frühzeitigen Diagnostik, zur besseren Abgrenzung der befallenen und der am stärksten betroffenen Region (hilfreich z. B. bei Materialentnahme von der Kopfhaut) sowie zur Therapiekontrolle genutzt werden kann. Bei folgenden Mykosen zeigen sich die pilzbefallenen Areale der Haut oder Haare typisch fluoreszierend:

- **Mikrosporie: M. canis** – grün, **M. audouinii** – gelbgrün, meist keine Fluoreszenz bei **M. gypseum**
- **Favus: T. schönleinii** – goldgelb bis grauweiß
- **Pityriasis versicolor** – rotgelb bis gelbgrün

Die Untersuchung mit einer Quarzlampe mit Blaufilter sollte im abgedunkelten Raum erfolgen.

1.3 Tesafilm-Abrißpräparat

Tesafilm-Abrißpräparat, in dem Hyphen und Sproßzellen nachweisbar sind, ist bei Malassezia furfur (Pityriasis versicolor) und auch nur dann gerechtfertigt, wenn eine ausreichende Materialgewinnung durch Abschaben der Hautschuppen nicht möglich ist.
Vorgehen: Man streicht mit einem Holzspatel über den verdächtigen Herd, um die feine Schuppung etwas zu lockern, dann wird ein Tesafilmstreifen mit der Klebefläche in dem Areal angedrückt und anschließend abgezogen. Der Streifen mit einer Hornzellschicht wird dann auf einen Objektträger geklebt und bei ca. 400facher Vergrößerung, mit oder ohne Färbung, mikroskopiert (siehe 5.2).

1.4 Materialgewinnung

Materialgewinnung – die korrekte Durchführung der Materialentnahme für die vollständige mykologische Diagnostik umfaßt folgende Schritte:

- Befallene Areale von störenden Anflugkeimen säubern.
- Grobe Krusten oder Auflagerungen entfernen.
- Entnahmestelle mit 70 %igem Alkohol reinigen.
- Das Material mit sterilen Instrumenten (z. B. Skalpell) entnehmen und in sterilen Gefäßen (Glaspetrischalen) sammeln.
- Reichliche Materialmengen gewinnen.

a) **Hautschuppen:**
- Entnahme vom Herd zum gesunden Gewebe hin.

b) **Haare:**
- Epilieren von mindestens fünf Haar*stümpfen*.

c) **Nagelmaterial:**
- Den sichtbar befallenen Nagelanteil entfernen.
- Subunguale Zelltrümmer und Nagelfragmente aus dem am weitesten proximalen Abschnitt des infizierten Nagelorgans entnehmen.

d) **Schleimhäute:**
- Keine vorherige Desinfektion!
- Das Material mit der Öse direkt auf die Kulturplatte und dann auf den Objektträger aufbringen, oder aber mit einem sterilen Tupfer zunächst auf den Nährboden und dann auf den Objektträger übertragen.
- Beim Penis- und Zungenbefall oder zur Untersuchung einer Zahnprothese kann ein direkter Abdruck (Abklatschkultur) erfolgen.

e) **Sputum:**
- *Vor* der Materialgewinnung den Mund zweimal mit fungizidem Mundwasser gründlich ausspülen – *erst dann* durch kräftiges Husten Sputum gewinnen.

f) **Urin**:
- Optimale Gewinnung durch Blasenpunktion.
- Ansonsten Mittelstrahlurin (Urin zentrifugieren, den Überschuß verwerfen und das Sediment auf die Kultur animpfen).

g) **Stuhl:**
- Stuhlproben sollen von verschiedenen Stellen entnommen werden, da Hefebesiedlungen ebenfalls an verschiedenen Stellen des Darms stattfinden können.

1.5 Untersuchung des Wohnmilieus

Diese Untersuchung gibt Hinweise auf die Exposition des Patienten gegenüber Pilzantigenen und ergänzt somit die allergologische Diagnostik. Das von uns angewandte Verfahren ist die sogenannte *Sedimentationsmethode:*

Der Patient erhält zwei Agarplatten (z. B. Sabouraud 2 % *ohne Zusatz!*) für jeden Raum, in dem er sich aufhält. Die Platten werden geöffnet, damit die in der Luft schwebenden Sporen auf ihnen sedimentieren können. Eine Platte wird über eine Stunde auf dem Tischniveau gehalten. Die andere Platte wird einige Minuten lang frei schwebend in Augenhöhe durch den Raum getragen. Die Platten sollen dann so bald als möglich ins mykologische Labor gebracht werden. Spätestens nach zwei Tagen ist eine mykologische Kontrolle der Kultur durchzuführen.

1.6 Allgemeine Versandregeln

Das sich in sterilen Gefäßen befindende Material soll immer als infektiöses Versandmaterial gekennzeichnet und gesichert werden.

2 Nativpräparat
(Untersuchung von Frischpräparaten)

2.1 Vorbereitung des Präparats

- Von dem zu untersuchenden Material wird eine kleine Menge auf einen Objektträger gegeben, mit einem keratinolytischen Lösungsmittel versehen und mit einem Deckglas abgedeckt. Ein auf diese Weise vorbereitetes Präparat wird für 10–20 Minuten in eine Feuchtigkeitskammer gelegt (Schutz vor Austrocknung). Anschließend kann das Präparat mikroskopisch beurteilt werden.
- Das Tesafilm-Abrißpräparat wird nicht mit einem Lösungsmittel behandelt! Es kann direkt mit Methylenblau oder Baumwollblau gefärbt werden (ein Tropfen des Färbemittels auf den Objektträger, und dann das Abrißpräparat darauf kleben). Weiterhin kann es auch mit PAS gefärbt werden.

2.2 Lösungsmitel für Nativpräparate

- Kalilauge: KOH 10 % (sehr aggressiv)
- Tetraäthylammoniumhydroxid: $(C_2H_5)_4NOH$ 20 %

2.3 Färbelösungen

- Parker-Tinte (besonders beim Cryptococcus neoformans zur Kapseldarstellung)
- Lactophenol Cotton blue = Baumwollblau (bes. bei Präparaten von einer Kultur)
- Methylenblau (besonders zum Nachweis von Erythrasma)
- Gram-Färbung bei Hefezellen
- PAS-Färbung bei Hyphen und Sproßzellen
- Histologische Routine-Färbung: Methenamin-Silberfärbung nach Grocott

2.4 Fluoreszenzmarkierungen

Durch die spezifische Bindungsfähigkeit der fluoreszierenden Substanz an die Polysaccharide des Chitins und der Zellulose werden verschiedene Pilzelemente unter UV-Anregung sichtbar gemacht. Die Methode eignet sich zur schnellen Diagnostik von Pilzinfektionen am frischen (Hautschuppen, Nagelspäne, Abstriche, Gewebeschnitte), gefrorenen und paraffineingebeteten Material. Die Färbung ist innerhalb von ein bis zehn Minuten (je nach Hersteller) durchführbar. Allerdings ist das Vorhandensein eines Auflichtfluoreszenzmikroskops mit entsprechendem Fluoreszenzfilter die Voraussetzung, um das Präparat beurteilen zu können.

2.5 Mikroskopische Beurteilung

Das Nativpräparat sollte immer sorgfältig nach *septierten* Hyphen z. B. bei 30facher Vergrößerung durchmustert werden. Der Nachweis von Pilzfäden läßt die Frage offen, ob es sich um Dermatophyten oder aber um Hefen oder Schimmelpilze handelt, denn die beiden letzteren können ebenfalls echte, septierte Fäden bilden. Ähnliches gilt für Sproßzellen, die unter bestimmten Bedingungen auch von zahlreichen Schimmelpilzen produziert werden.

Merke: Sproßpilze sind nicht gleich Hefen

Bei der Beurteilung von Nativpräparaten kann man auf eine Reihe von Schwierigkeiten stoßen:

- Durch die in Cremes und Salben enthaltenen Fette entstehen Artefakte, die Formen von Sproßzellen vortäuschen und mit diesen leicht verwechselt werden.
- Das mikroskopische Bild kann den Untersucher auch im Fall des sogenannten **Mosaikfungus** irreführen. Dieser ist ein Reaktionsprodukt aus Lösungsmittel und der Interzellularsubstanz, das zwischen den Zellen und entlang der Zellverbände liegt.
- Hyphen können von Baumwollfasern, Pflanzen und Gewebefusseln vorgetäuscht werden.

In einem Nativpräparat ist es nicht beurteilbar, ob eine Hyphe noch lebt – dies kann einer der Gründe für die nicht seltenen Befunde mit einem positiven Nativpräparat und einem negativen Kulturergebnis sein. Für eine fundierte mykologische Diagnose ist jedoch eine weitere kulturelle Identifizierung *in jedem Fall* erforderlich.

Beim **Haarbefall** können zwei Arten des Nativbefundes erhoben werden, je nachdem ob es sich um einen ekto- oder endotrichen Befall handelt. Vom *endotrichen* Befall sprechen wir, wenn das Innere des Haares mit Pilzen durchsetzt ist und vom *ektotrichen*, wenn die Pilze vorwiegend um den Haarschaft herum angeordnet sind.

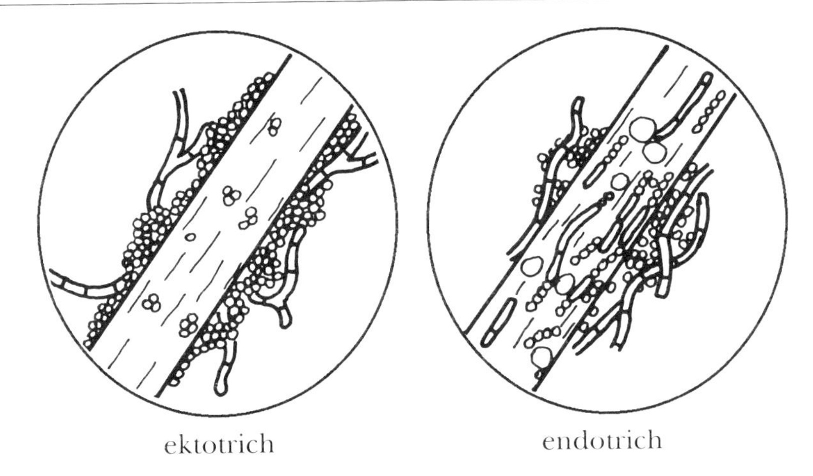

Bei Trichophyton schönleinii kann zusätzlich ein sogenannter „Hohlraumeffekt" beobachtet werden, da im endotrich befallenen Haarschaft das Myzel stellenweise dunkel imponiert.

Folgende Tabelle stellt die unterschiedlichen Haarbefallstypen bei den häufigsten Erregern der Tinea capitis dar:

Mikrosporien	Befallstyp	Trichophytien	Befallstyp
M. canis	ektotrich	*T. verrucosum*	ektotrich
M. gypseum	ektotrich	*T. violaceum*	endotrich
M. audouinii	ekto-/endotrich	*T. schönleinii*	endotrich
		T. rubrum	ekto-/endotrich
		T. mentagrophytes	ektotrich

3 Kulturelle Anzüchtung

3.1 Nährmedien

Im mykologischen Labor der Universitäts-Hautklinik Köln werden folgende Nährmedien benutzt:

- **Sabouraud-2 %-Glucose-Agar** ohne Zusatz (pH-Wert 5,5):

	Spezial-Pepton	10,0 g
	Dextrose	20,0 g
	Agar	17,0 g
(*mit Zusatz:*	Streptomycinsulfat	0,04 g
	Penicillin-G-Natrium	40 000 IE)
	Aqua dest.	ad 1000,0 ml

- **Selektiv-Agar** mit Zusatz (pH-Wert 6,9):

Sojamehlpepton	10,0	g
Dextrose	10,0	g
Agar	15,5	g
Cycloheximid	0,4	g
Chloramphenicol	0,05	g
Aqua dest.	ad 1000,0	ml

- Dermatophyten-**Selektivagar nach Kimmig** (pH-Wert 6,5):

Sojamehlpepton	10,0	g
Nährbouillon II	15,0	g
Pepton aus Fleisch	5,0	g
Dextrose	10,0	g
Glycerin	5,0	ml
Natriumchlorid	5,0	g
Spezialagar	20,0	g
Penicillin/G/Natrium	40000	IE
Streptomycinsulfat	0,04	g
Aqua dest.	ad 1000,0	ml

- Dermatophyten-**Selektivagar nach Taplin** (pH-Wert 5,5):

Sojamehlpepton	10,0	g
Dextrose	10,0	g
Agar	18,0	g
Cycloheximid	0,5	g
Chlortetracyclin	0,05	g
Gentamycin	0,1	g
Phenolrot	0,2	g
Aqua dest.	ad 1000,0	ml

- **Reisagar** (pH-Wert 5,8):

Brühreis, Infusum aus	20,0	g
Agar	20,0	g
Aqua dest.	ad 1000,0	ml

Entsprechend dem Nährstoffbedarf der Pilze (s. A1.4) findet sich in den Kulturböden ein Kohlenstoffangebot in Form von Glukose und ein Stickstoffangebot in Form von Pepton. Auch der pH-Wert ist von Bedeutung, da bei einem zu sauren Milieu einige Pilze nicht mehr wachsen.

Sabouraud-Agar 2 % ermöglicht das Wachstum aller Pilze je nach eigener biologischer Aktivität.

Selektivagar unterdrückt bis zu einem gewissen Grade das Wachstum von Schimmelpilzen und z. T. auch von Hefen.

Beim **Taplin-Nährboden** mit Indikatorzusatz von Phenolrot wird die pH-Verschiebung beim gesteigerten Stoffwechsel des T. mentagrophytes (schneller Umschlag von gelb nach rot) zu seiner Differenzierung gegenüber dem langsamer wachsenden T. rubrum (entsprechend langsamerer Umschlag von gelb nach rot) genutzt.

Der **Reisagar** ist ein Mageragar, auf dem sich die Bereitschaft der zwei Hefearten

C. albicans und *C. stellatoidea* zur Chlamydosporenbildung manifestiert. Bei der Differenzierung der Hefen anhand dieses Agars wird auf die beimpfte Stelle ein Deckglas gelegt, wodurch halbanaerobe Wachstumsbedingungen erzeugt werden, unter denen es verstärkt zur Myzel-, Pseudomyzel- und Chlamydosporen- sowie Arthrosporenbildung kommt. Die Reisagarplatten werden *bei Zimmertemperatur* über 24–48 Stunden bebrütet. Zur Differenzierung von Hefen siehe Kapitel B. 5.
Es hat wenig Sinn, antimykotisch oder antiseptisch anbehandeltes Material auf Kulturen aufzubringen. Erst ca. vier Wochen nach Absetzen eines topischen Antimykotikums und bis zu zehn Wochen nach Absetzen einer systemischen antimykotischen Therapie ist ein Versuch der Anzüchtung sinnvoll.

3.2 Kulturbedingungen

a) Raum

Während der Bebrütung sollen die Kulturen z. B. vor Verunreinigungen und starker Sonneneinwirkung geschützt sein. Deshalb empfiehlt sich die Kultivierung in einem verschließbaren, lichtgeschützten Schrank. Ein Klebeband um die seitlichen Wände der Petrischalen verhindert ebenfalls die Verunreinigung und die Austrocknung der Kultur. Die in der Petrischale vorhandene Luftmenge reicht für das aerobe Wachstum des Pilzes vollkommen aus.

b) Temperatur

Ideal wäre es, jeweils Doppelkulturen anzulegen, wobei eine davon bei 25 °C und die andere bei ca. 30 °C bebrütet wird, da sich bei einigen Pilzen die Fruktifikationsorgane unter unterschiedlichen Temperaturbedingungen besser und schneller ausbilden. Im Falle der biochemischen Differenzierung erfolgt die Kultivierung im Brutschrank bei 33 °C in drei Intervallen:
24/48/72 Stunden.

c) Zeit

Die Kultivierungszeit hängt von der Wachstumsgeschwindigkeit des Pilzes ab, wobei zu berücksichtigen ist, daß das Material aus antimykotisch vorbehandelten Arealen deutlich längere Zeit braucht, bis (wenn überhaupt) es zum Pilzwachstum kommt. Generell betragen die Kultivierungszeiten für:

- Hefen: 24–48 (72) Stunden
- Dermatophyten, Schimmelpilze: ein bis vier Wochen.

3.3 Praktisches Vorgehen

Prinzipiell soll sorgfältig auf Dermatophyten, Hefen und Schimmelpilze geachtet werden und das in regelmäßigen zeitlichen Abständen während des Kulturwachstums, da z. B. ein Schimmelpilz einen Dermatophyten durch seine höhere Wachstumsgeschwindigkeit überwuchern kann. Bei „Mischkulturen" müssen zusätzlich Einzel-

kulturen (sogenannte Subkulturen) angelegt werden, dabei werden die einzelnen Pilzarten auf Sabouraud-Agar 2 % überimpft und somit isoliert.
Zur Differenzierung der kulturell gezüchteten Pilze wird ihre makro- und mikroskopische Morphologie beurteilt.

- Beim *makroskopischen* Betrachten der Kultur soll sowohl die obere als auch die untere Seite der Kultur angesehen werden, dabei ist auf die Form und Farbe des Thallus zu achten.
- Für die *mikroskopische* Analyse wird ein Präparat aus dem Luftmyzel angefertigt, entweder als Tesafilm-Abrißpräparat oder mit der Lanzette als sogenanntes Zupfpräparat. Bei der Tesafilm-Abrißtechnik ist eine Kontaminierung der Kultur unvermeidbar. Deshalb empfiehlt es sich von Kulturen, die noch nicht erfaßbar sind sowie von denjenigen, die weiter überimpft werden sollen (Subkulturen, Mykothek) Zupfpräparate anzufertigen. Nach dem Anfärben mit Baumwollblau erfolgt die Beurteilung unter dem Mikroskop. Da es oft Schwierigkeiten beim Erkennen von mikroskopischen Merkmalen gibt, schlagen wir als Hilfe eine schematische Darstellung der wichtigsten mykologischen Strukturen vor (s. B.7).

Erst die Berücksichtigung aller genannten Aspekte ist wegweisend für die korrekte Speziesbestimmung. Erschwerend bei der Diagnostik wirkt sich die Tatsache aus, daß in der Kultur *(Habitusbild)*:

Verschiedene Pilze fast gleich oder ähnlich und wiederum gleiche Pilze sehr verschieden aussehen können

Eine wesentliche Rolle in der Beeinflussung der Morphologie spielt die Art des Nährbodens, die Zeitdauer der Kultivierung und die Vorbehandlung.
Ein gutes mykologisches Wissen ist unbedingt erforderlich. Bei der Differenzierung der Pilze ist eine **Mykothek** – eine Stammsammlung von Pilzen sehr hilfreich.

4 Ungeladene Gäste

Immer wieder werden in den mykologischen Kulturen Milben (Tyrophagus, Tarsoneums, Tyroglyphus) gefunden. Sie fressen den Pilzrasen (Luftmyzel) ab, dabei impfen sie mit ihren Füßchen Bakterien, Hefen und Konidien von Schimmelpilzen quer über die gesamte Kultur, so daß sogenannte „Impfstraßen“ entstehen. Die Bekämpfung dieser „ungeladenen Gäste“ kann mit Jacutin-Spray erfolgen.

5 Hefen

5.1 Differenzierung

Hefen vermehren sich durch Sproßzellen/Blastosporen (siehe 1.3.1). Sie können nicht nur Pseudomyzelien, sondern auch echte septierte Hyphen bilden. Durch die Unfähigkeit zur Luftmyzelbildung erscheinen sie auf Nährböden feucht-cremig.

Hefen sind weißliche hyaline Organismen oder weisen rotes, orangefarbenes (Rhodotorula) oder gelbes Pigment auf. Die „Hefen" mit dunklem/schwarzem Pigment (Aureobasidium) zählen zu den biphasischen Pilzarten.

Eine Differenzierung der Hefen ist weder im ungefärbten noch im gefärbten Nativpräparat möglich

Die Vordifferenzierung des auf Hefen zu untersuchenden Materials erfolgt auf Sabouraud-Agar 2 % mit oder ohne Zusatz von Antibiotika. Nach 48 Stunden Bebrütung bei Raumtemperatur (ca. 25 °C) oder bei 33/37 °C im Brutschrank wird eine Kolonie aus der gewachsenen Kultur auf Reisagar (=Mageragar) überimpft. Dabei wird mit einer Impföse eine Hefekolonie auf dem **Reisagar** ausgestrichen und mit einem Deckglas abgedeckt.

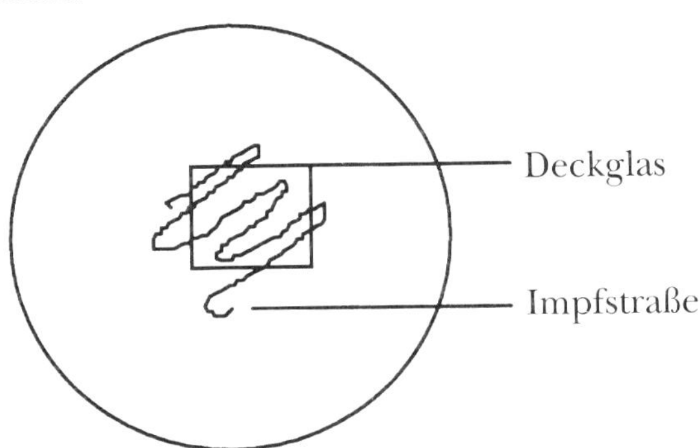

Damit entsteht ein halbanaerobes Milieu. Die Reisagarkultur wird bei Zimmertemperatur 24 Stunden lang bebrütet. Aus der Praxis heraus wäre zu erwähnen, daß sich die morphologischen Merkmale nicht immer innerhalb von 24 Stunden ausbilden. In einem solchen Fall muß die Reisagarkultur länger, z. B. über 48 Stunden bebrütet werden. Die Differenzierung erfolgt mit einem Spezialobjektiv mit 32facher Vergrößerung, das durch die verkürzte Brennweite einen kürzeren Tubus besitzt.

- Bei der **mikroskopischen** Betrachtung direkt auf dem Reisagar lassen sich bereits *Candida albicans* und *Candida stellatoidea* über ihre Chlamydosporenbildung identifizieren. Die weiteren Hefen werden morphologisch beschrieben (Pseudomyzel? Arthrosporen?) und dann über eine sog. „Reinstkultur" weiter charakterisiert. Dieses Vorgehen ist besonders dann wichtig, wenn die Primärkultur verunreinigt ist oder nicht auf dem Saboraud 2 % Agar mit Zusatz angelegt wurde. Von der Primärkultur wird dann auf einen frischen Nährboden überimpft. Dadurch beabsichtigt man eine reine Hefekultur zu erhalten. Dies ist sehr wichtig, da Bakterien in der folgenden biochemischen Reihe ein ähnliches Verhalten zeigen können wie die Hefen.
- Von der „Reinstkultur" wird eine **biochemische Reihe** angelegt, in der die Prozesse der Vergärung/Fermentation und der Assimilation zur weiteren Differenzierung genutzt werden. Mit dem Auxonogramm **Api 20 C Aux**^{R} (Bio Merèux) werden über ein Schlüsselsystem mit einem Index die Hefearten bestimmt. Zur Unterscheidung wird auch das morphologische Bild hinzugezogen. Die biochemische

Reihe wird zu drei Zeitpunkten abgelesen: nach 24 Stunden, nach 48 Stunden und nach 72 Stunden.

- Seit geraumer Zeit vertreibt Bio Merèux einen Spezialnährboden zur Differenzierung von Candida albicans **Albicans ID**[R]. Dieser beinhaltet ein chromogenes Substrat für das für C.albicans spezifische Enzym *Hexosaminidase*. Beim positiven Nachweis ist eine Blaufärbung der Kolonie zu beobachten. Da diese Nährböden lichtempfindlich sind, sollen sie im Kühlschrank (oder einem dunklen Raum) gelagert werden. Die Bebrütung erfolgt über 24 Stunden im Brutschrank bei 30 °C. Auch bei diesem Verfahren kann, besonders bei Nicht-C.-albicans-Kulturen, auf Reisagar- und biochemische Differenzierung nicht verzichtet werden.

5.2 Malassezia furfur – eine besondere Hefeart

Malassezia furfur – der Erreger der Pityriasis versicolor – ist die parasitäre Form der Hefe, die in ihrer saprophytären Form den Namen Pityrosporum (ovale bzw. orbiculare) trägt.

Malassezia furfur wird in den Hautschuppen (Tesafilm-Abrißpräparat) nativ oder nach Anfärben mit Lactophenol-Baumwollblau oder PAS nachgewiesen. Die zusätzliche Bestätigung des Hautbefundes kann mit Hilfe der Fluoreszenz im Wood-Licht (s. A1.2) erfolgen. Der Farbstoff am Präparat macht dic Struktur, die im alltäglichen Gebrauch mit „Spaghetti mit Hackfleisch" verglichen wird, sichtbar: Abgerundete Pilzelemente, die von relativ kurzen, wenig septierten, oft halbmondförmig septierten Myzelstücken umlagert sind.

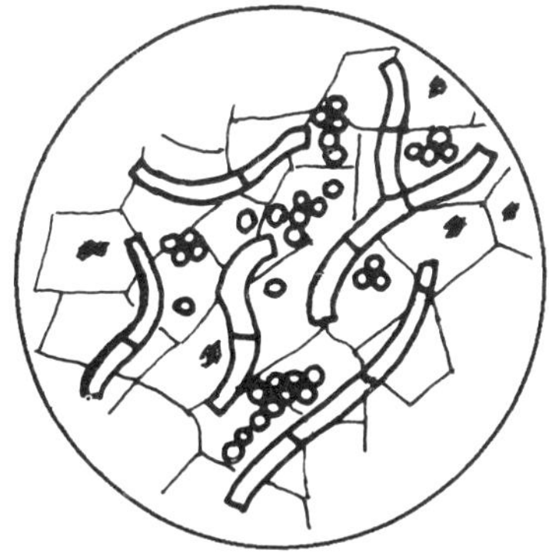

Wenn die befallenen Hautschuppen auf einen Sabouraud-Glucose-Agar 2 % gegeben, mit etwas Olivenöl bedeckt und bei 25 °C bebrütet werden, kann ein Wachstum von kleinen glatten oder auch rauhen Kolonien des Pityrosporum ovale beobachtet werden.

Bei feuchter Wärme gedeihen die Erreger der Pityriasis versicolor am besten. Bei Personen, die viel schwitzen, kommt es sehr häufig zu Rezidiven. Die Übertragungsrate von Mensch zu Mensch ist auch bei innigem Kontakt gering, deshalb geht man davon aus, daß neben der Schweißneigung auch eine angeborene Prädisposition beim Befall mit Malassezia furfur eine Rolle spielt.

Bekannterweise zeigt nicht nur der Pilz selbst einen dualen Charakter in bezug auf

seine möglichen Lebensformen, sondern auch sein klinisches Erscheinen kann zweierlei Bilder zeigen: Bei dunkler Haut sehen die Herde heller als die umgebende Haut aus, bei heller Haut ist es umgekehrt (s. E1, Abb. 9, 10).
Malassezia furfur befällt besonders den oberen Bereich des Stammes, er wird aber auch am behaarten Kopf und im Gehörgang gefunden. Die letzteren Hautregionen können auch eine Funktion als beständiges Reservoirs haben.

6 Geotrichum candidum – ein „Verwandter" der Hefen

Geotrichum candidum ist ein saprophytärer, *hefeähnlicher* Pilz. Wir finden ihn in Milchprodukten, auf Früchten und Gemüse sowie im Erdboden. Der Kontakt mit dem Menschen ist folglich häufig, und es ist nicht verwunderlich, daß dieser Pilz physiologischerweise im oberen Respirations- und im Gastrointestinaltrakt gefunden wird (in 18–31 %). Die Erkrankungen – Geotrichosen – betreffen meistens immunsupprimierte Patienten. Die Infektionen finden dann im oralen, bronchialen, pulmonalen und intestinalen Bereich statt. Die Frage der Pathogenität ist also ähnlich wie bei Hefen nur bedingt mit ja oder nein zu beantworten.
Starke Besiedlungen der Mundschleimhaut können leicht mit einem Candidabefall verwechselt werden. Häufig reagiert das Gewebe jedoch lediglich mit einer nicht spezifischen, chronischen Entzündung.
In unserem Labor isolieren wir Geotrichum candidum häufig aus Stuhlproben.
Der Pilz wächst auf Sabouraud Glucose-Agar 2 % feucht, glanzlos, mit geringem, weißem Luftmyzel. Mikroskopisch ist ein aus septierten Hyphen bestehender Thallus zu finden. Die Hyphen zerfallen in rechteckige Arthrosporen. Aus einer Arthrospore wird eine neue Hyphe gebildet, und zwar in einem rechten Winkel von ihrer äußeren Zellwand ausgehend.

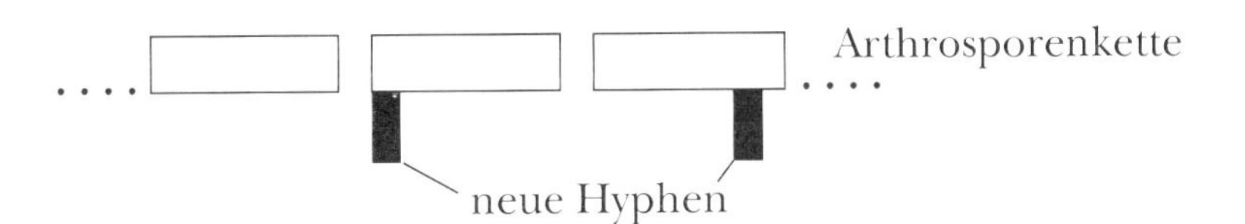

7 Zusammenstellung der mikromorphologischen Pilzstrukturen

Um das Erkennen von mykologischen Strukturen zu erleichtern, wurden sie in den Tabellen auf den folgenden Seiten schematisch dargestellt.

7.1 Hyphen

	Hyphe unseptiert
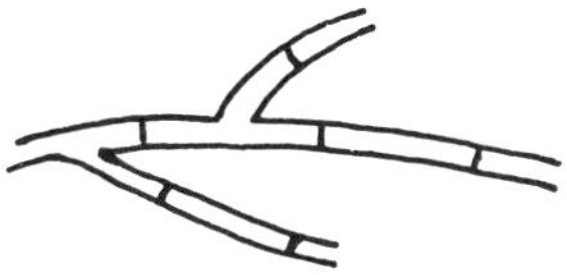	Hyphe septiert
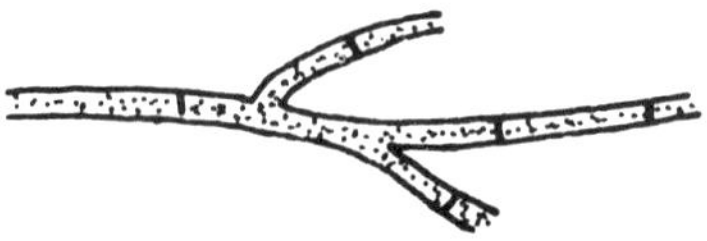	Hyphe pigmentiert
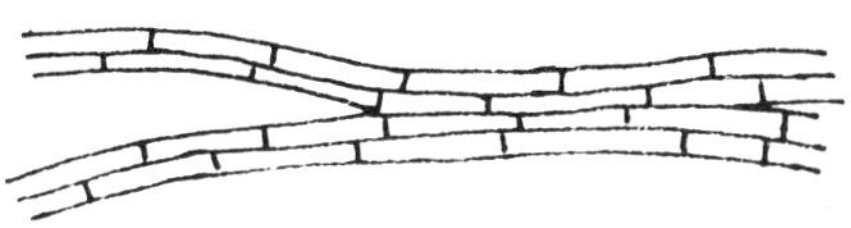	Hyphen gebündelt (Koremien)
	Keulen-Racquet Hyphen
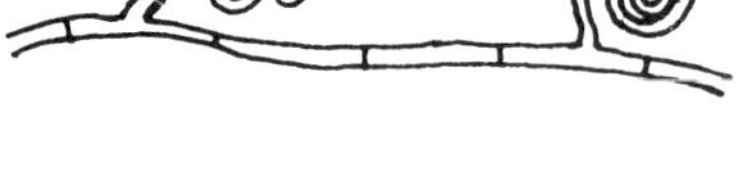	Spiralhyphen
	Pseudohyphen

7.2 Sporentypen

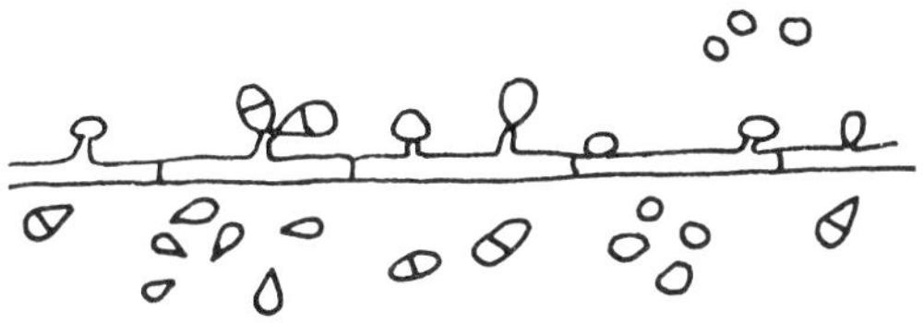	Mikrokonidien (gestielt und ungestielt)
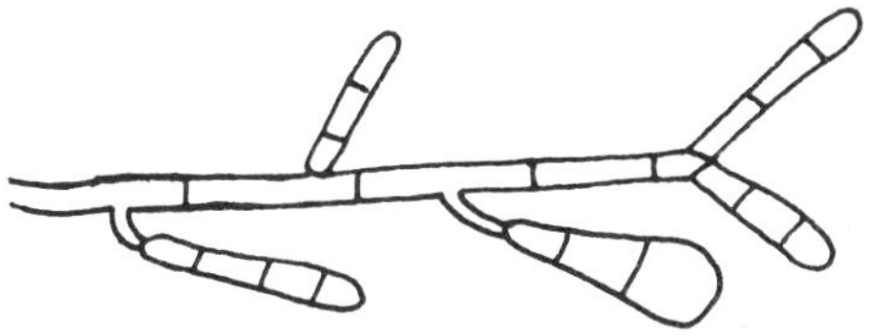	Makrokonidien
	interkalare Chlamydosporen
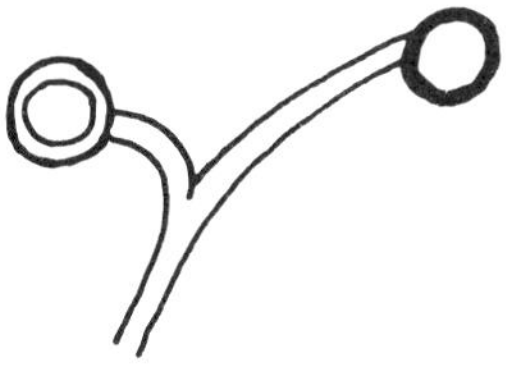	terminale Chlamydosporen
	Arthrosporen

7.3 Mikrokonidien

	rund und oval
	tropfenförmig

7.4 Makrokonidien

	spindelförmig
	birnen-/keulenförmig
	walzen-/wurstförmig
	muriform

7.5 Sporenanordnungen

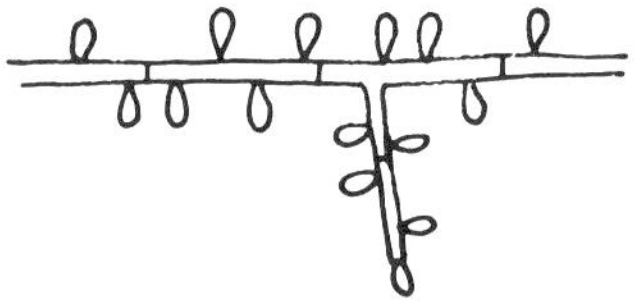	Akladium/ährenförmig
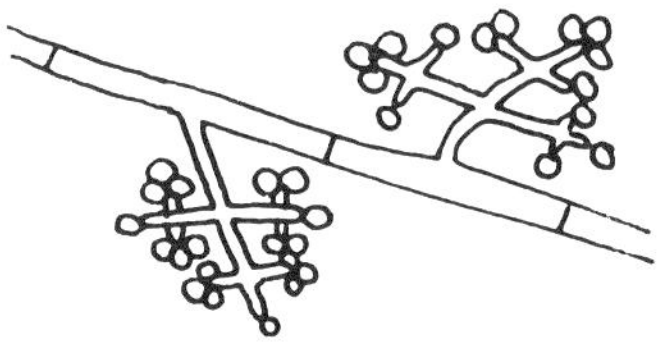	Botrytis/traubenförmig
	Rosetten
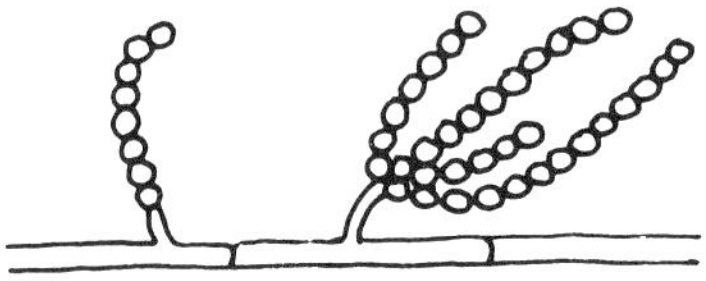	ketten-/pinselförmig
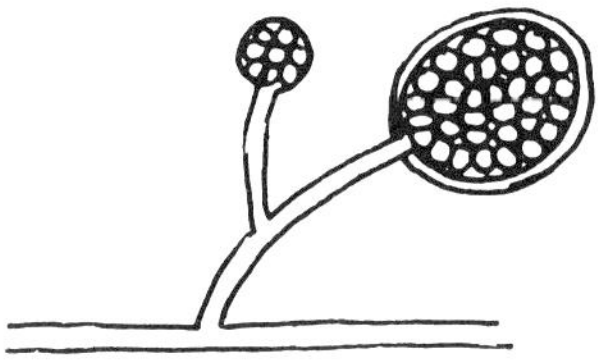	Sporangien

C Beschreibung der wichtigsten relevanten Pilzarten

I Dermatophyten

Trichophyton rubrum

(häufigster Erreger der Onychomykose)

Makroskopische Merkmale (Kultur)

Kulturoberseite

- zentraler Knopf
- mehr oder weniger tiefe Radiärfalten, die in einen flachen, breiten Kolonierand übergehen

Mögliche makroskopische Bilder:

1. wattig-flaumig (häufig)
2. puder-gipsartig mit cerebriformem rotviolettem Zentrum und flachem Rand
3. gelbpigmentiert: Luftmyzel gelb, orangenfarbener Kolonienrand (hier meist nur wenige Mikrokonidien)
4. melanoidpigmentiert: färbt den ganzen Nährboden rot
5. afrikanische Form mit kegelförmiger Thallusmitte (reich an Makrokonidien und Chlamydosporen)

In den meisten Fällen bleibt das Luftmyzel weiß, in einigen Fällen verfärbt es sich weinrot. Ein gelber, später dunkelroter Rand umgibt die Kolonie.

Kulturunterseite

- braun-weinrot, Bildung von rötlichem Pigment oft erst nach Wochen

Mikroskopische Merkmale

Mikrokonidien

- längliche bzw. ovale Formen (birnen-, tropfenförmig), zuweilen vereinzelt runde, in Akladiumform angeordnet
- mal in geringer, mal in großer Anzahl

Makrokonidien

- lang, schmal, mehrkammrig
- an den Polen abgerundet
- dünn und glattwandig („Wurstform")

Die Makrokonidien werden von einigen Stämmen gar nicht oder nur in geringer Zahl gebildet. Die afrikanische Form von T. rubrum bildet zahlreiche Makrokonidien sowie Chlamydosporen.

Hyphen

- sehr fein, dominieren meistens das mikroskopische Bild

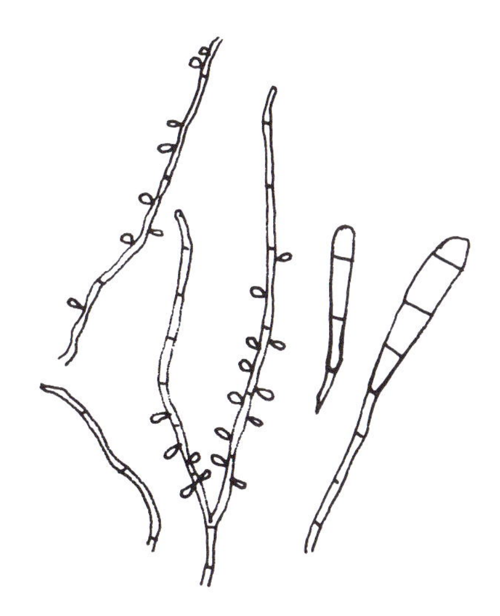

Trichophyton mentagrophytes

(verschiedene Varianten z. B.: asteroides, quinckeanum, erinacei)

Makroskopische Merkmale (Kultur)

Kulturoberseite
Je nach Variante:
- watteähnlich-flockig
- zentrales Knöpfchen: eben, weiß, leicht gekörnt; das Myzel wächst sternförmig in den Nährboden und umgibt so die wachsende Kolonie
- flaches Wachstum, strahlenförmiger, gipsartiger, trockener Rand von cremig-gelber Farbe

Kulturunterseite
- bräunlich
- brillantgelb
- gelblichrot bis dunkelrot
- weinrot

Mikroskopische Merkmale

Mikrokonidien
- runde und ovale Formen
- Anordnung bei runden Konidien meist in Botrytisform, bei runden und ovalen in Akladiumform
- manchmal, wie bei Var. quinckeanum, ein- oder zweizellige, zugespitzte Formen

Makrokonidien
- dünn, glattwandig
- drei- bis achtkammrig
- gelegentlich stumpf-zylindrisch (je nach Variante)

Hyphen
- Spiralhyphenbildung je nach Variante: reichlich, oder erst in älteren Kulturen, oder gar nicht vorhanden
- faltige, weiße Oberfläche; die tiefen, unregelmäßigen Falten laufen am Rande der Kolonie stahlenförmig aus

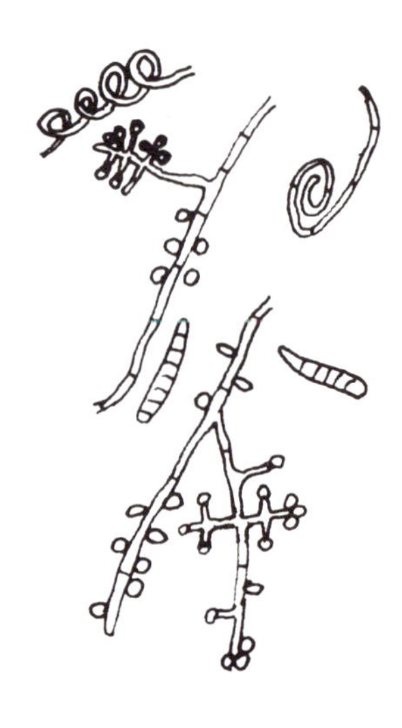

Trichophyton violaceum

Makroskopische Merkmale (Kultur)

Kulturober- und Unterseite
- violett-dunkelviolett (typische Pigmentbildung!)

Vorsicht: Nicht alle Stämme sind violett, das Spektrum der Farben erstreckt sich von purpur, rot, rosa, lavendel bis grau und sogar pigmentfrei.

Subkulturen werden rasch pleomorph, das heißt, es bildet sich ein weißflammiges Luftmyzel – deshalb immer aus dem vegetativen, violetten Bereich der Kultur überimpfen.

Mikroskopische Merkmale

Mikrokonidien
- einzellig
- *rar!*
- unter Thiaminzusatz vermehrte Mikrokonidienbildung

Makrokonidien
- dünnwandig
- wenig
- unterschiedliche Größe
- spätes Auftreten

Chlamydosporen
- reichlich

Hyphen
- wirken knorrig, gestaucht
- reich septiert
- mit dichotomen Verzweigungen (wie bei T. schönleinii)

(Die Abbildung wurde von Prof. Dr. W. Meinhof zur Verfügung gestellt)

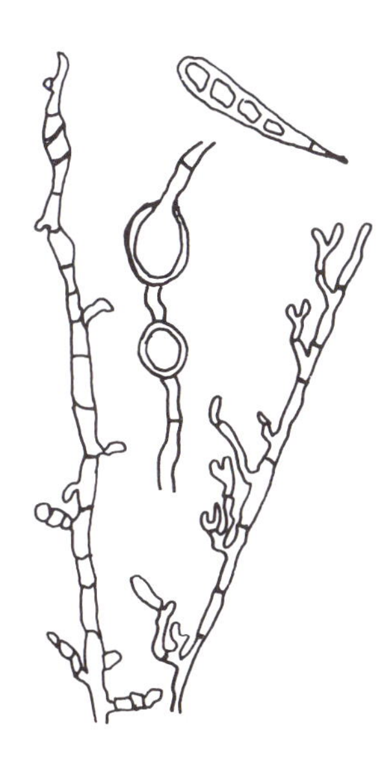

Trichophyton schönleinii

Makroskopische Merkmale (Kultur)

Kulturoberseite
- gelblichgrau
- feucht
- tief gefurcht
- wachsähnliche Konsistenz
- die tiefen, nach Periphär verlaufenden Radiärfalten sind fest mit dem Nährboden verwachsen und spalten bisweilen den Nährboden

Kulturunterseite
- gelblichgrau

Es hängt vom *Nährsubstrat* ab, ob ein Stamm *glabrös* oder *flach trocken* wächst. Die trockenen Formen zeigen eine größere Bereitschaft zur Luftmyzelbildung.

Mikroskopische Merkmale

Mikrokonidien
- ein-, zwei-, und dreizellig
- besonders gute Mikrokonidienbildung auf feuchten Reiskörnern

Makrokonidien
- selten
- mittelgroß

Chlamydosporen
- im älteren Thallus reichlich terminal und intrakalar

Hyphen
- Verzweigungsformen vergleichbar mit einem „Kronleuchter“ oder „Hirschgeweih“
- oft dichotome Verzweigungen (die Hyphenspitze verzweigt sich in zwei gleiche Äste)

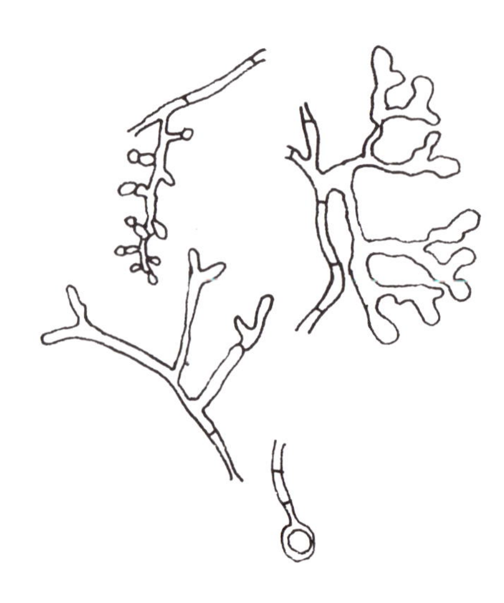

Trichophyton verrucosum

Makroskopische Merkmale (Kultur)

Kulturoberseite
- glasig, feucht
- unregelmäßig gefurcht
- von schmutzig weißer, grauer oder gelber Farbe
- nur bei wenigen Stämmen heller, kurzer Myzelflaum

Kulturunterseite
- keine bemerkenswerte Farbe

Das Myzel wächst stark in den Nährboden und ist somit darauf nicht verschiebbar.

Das Wachstum ist sehr langsam!

Mikroskopische Merkmale

Mikrokonidien
- kaum gebildet
- durch die Stimulation mit Thiamin kann es zur Mikrokonidienbildung kommen: Sie sind spitz und lateral an den Hyphen angeordnet

Makrokonidien
- ebenfalls kaum gebildet
- falls vorhanden: glatt, dünnwandig und klein (ca. drei- bis siebenkammrig)

Chlamydosporen
- dickwandig, endständig
- selten interkalar

Hyphen
- reichlich septiert
- dichotom
- kettenförmig in Arthrosporen zerfallend

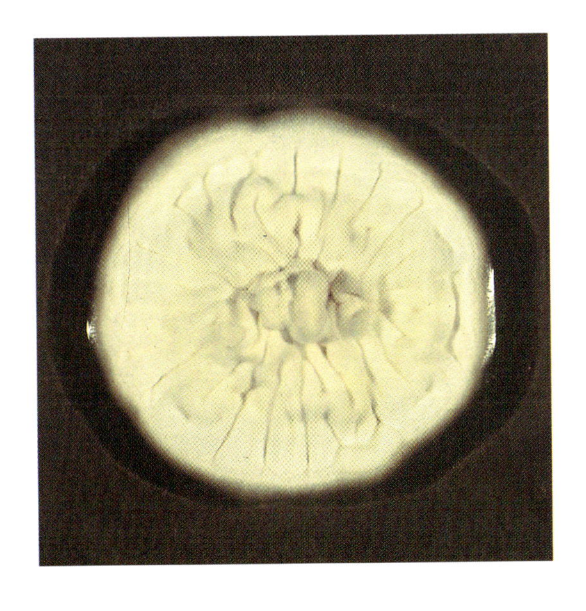

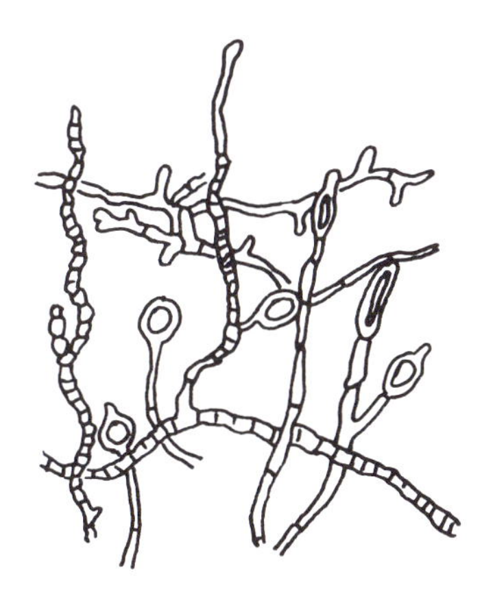

Trichophyton tonsurans

Makroskopische Merkmale (Kultur)

Kulturoberseite

- mittlerer Teil unregelmäßig faltig
- flacher, breiter Rand mit peripheren Hyphenbündeln
- kurzes Luftmyzel erinnert an Wildleder
- rot, purpurfarben oder rosa (DD: T. rubrum!)

Kulturunterseite

- mahagonifarben

Mikroskopische Merkmale

Mikrokonidien

- *zahlreich*
- *unterschiedliche* Form und Größe
- *ein- bis zweizellig*
- *lateral* oder in einfacher *Traubenform* angelagert

Makrokonidien

- *selten*
- zwei-, vier-, selten sechskammrig
- glattwandig
- stark deformiert

Chlamydosporen

- *zahlreich*
- unterschiedliche Größen

Hyphen

- gelegentlich dichotom verzweigt
- gelegentlich verdickt

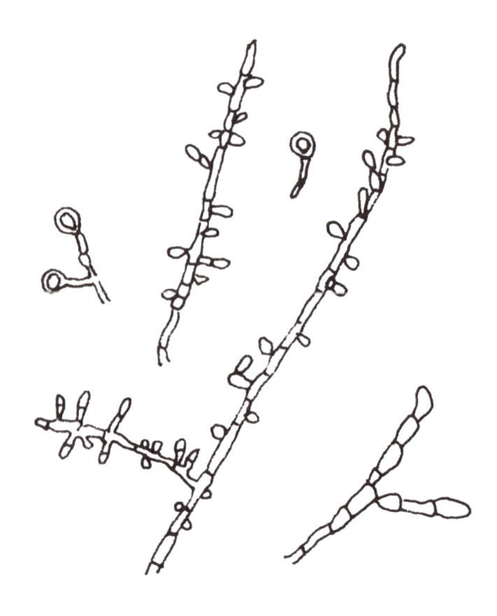

Trichophyton terrestre

Makroskopische Merkmale (Kultur)

typischer Geruch!

Kulturoberseite
- weiß
- watteähnlich oder gipsartig-körnig
- Kolonierand unregelmäßig

Kulturunterseite
- zartrosa

Mikroskopische Merkmale

Mikrokonidien
- reichlich
- *einzellig*, aber gehen kontinuierlich über zwei- und dreizellige Intermediärformen in *mehrzellige Makrokonidien über*

Makrokonidien
- schmal
- dünnwandig
- abgerundete Pole

Vorsicht: Es bestehen Differenzierungsschwierigkeiten gegenüber T. rubrum, es sollte auf die Mikrokonidien geachtet werden.

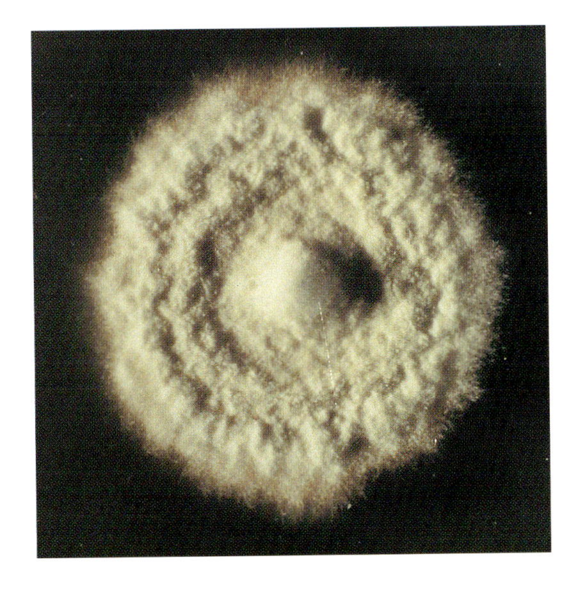

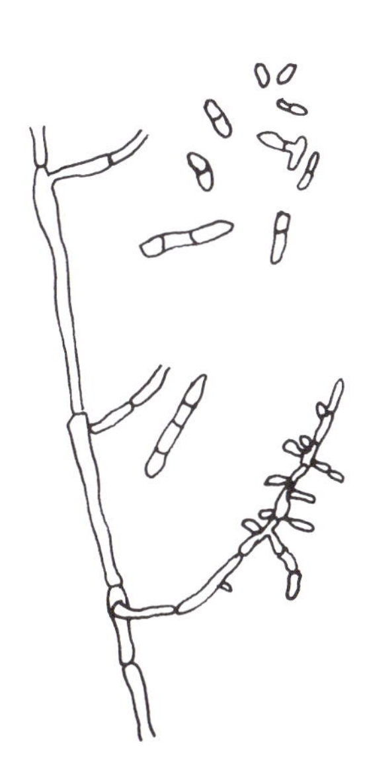

Trichophyton soudanense

Makroskopische Merkmale (Kultur)

Kulturoberseite
- starke Gelbfärbung: aprikosengelb
- unregelmäßig, tief gefurcht
- sandähnliches Luftmyzel
- strahlenförmiger Randsaum

Kulturunterseite
- aprikosengelb

Mikroskopische Merkmale

Mikrokonidien
- ein- und zweizellig
- Akladiumform
- typisches „Knotenorgan" (auch auf Reisagar)

Makrokonidien
- keine

Chlamydosporen
- besonders auf Reisagar reichlich gebildet

Hyphen
- zerfallen relativ rasch in Arthrosporen
- charakteristischer Verzweigungsmodus: die Seitenverzweigungen sind der Ausgangshyphe gegenläufig

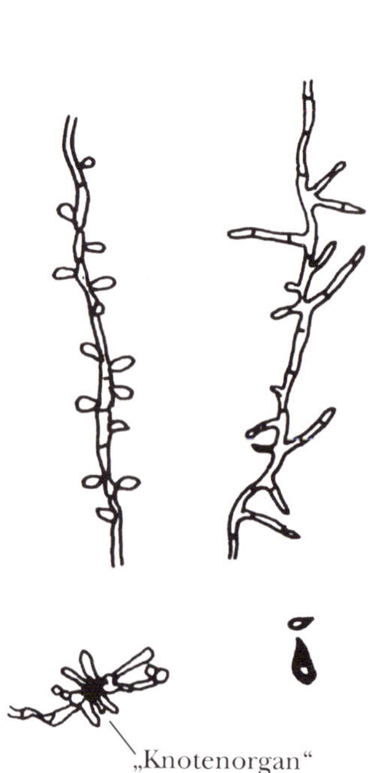

Trichophyton ajelloi

Syn.: Keratinomyces ajelloi (geophil)

Makroskopische Merkmale (Kultur)

Kulturoberseite
- flach
- puderartig-gipsartig
- orange bis orangebraun

Kulturunterseite
- von orange über braun bis purpurviolett

Mikroskopische Merkmale

Mikrokonidien
- selten

Makrokonidien
- zahlreich
- länglich
- zylinderförmig
- Zellwand dick und glatt
- fünf- bis zwölfkammrig

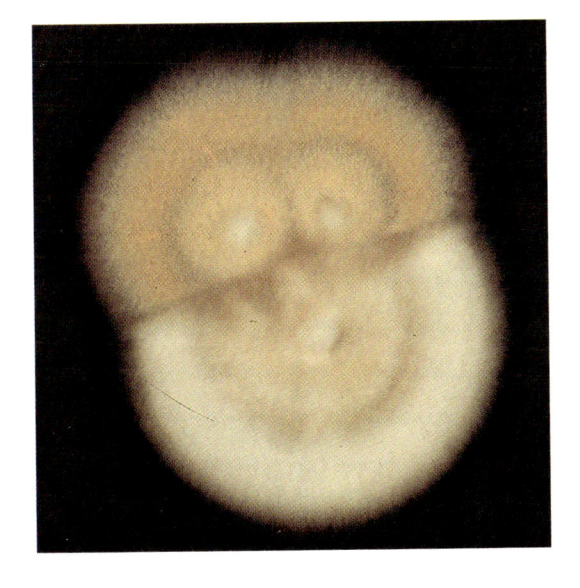

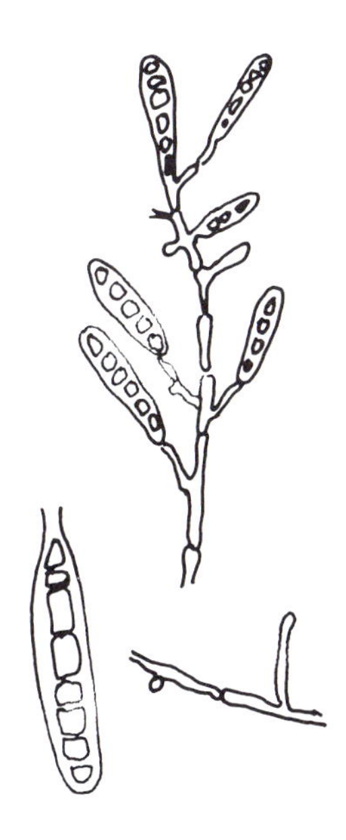

Mikrosporum canis

(häufigster Erreger der Tinea capitis, zoophil)

Makroskopische Merkmale (Kultur)

Kulturoberseite
- weißes-wolliges Luftmyzel
- strahlenförmig auslaufende Hyphenbündel umgeben die Kolonie
- leicht gelbes Pigment, „kanariengelb“

Kulturunterseite
- gelb
- „kanariengelb“

Woodlicht: grün fluoreszierend

Mikroskopische Merkmale

Mikrokonidien
- wenige
- oval/tropfenförmig
- Akladiumform

Makrokonidien
- reichlich
- Spindeltyp
- fünf- zwölfkammrig
- kräftige Zellwand
- Protuberanzen hauptsächlich an den Polen aber auch um die gesamte Makrokonidie

Chlamydosporen
- reichlich
- terminal und interkalar

Haar nativ
- Sporenmantel = ektotricher Befall

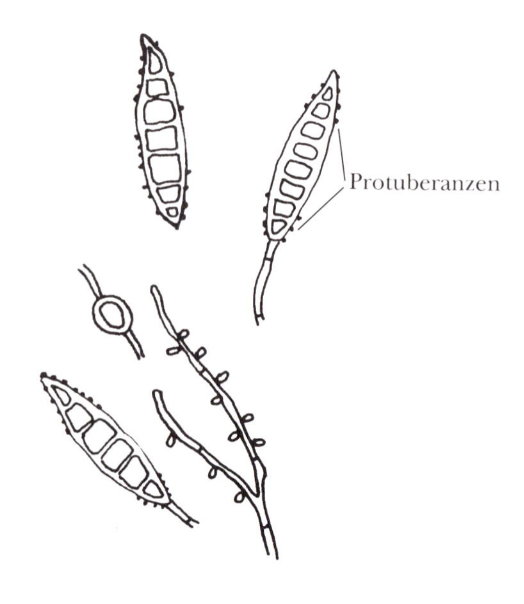

Mikrosporum gypseum

(geophil)

Makroskopische Merkmale (Kultur)

Kulturoberseite
- gipsartig-körnig
- hellgelb, ockergelb (sandfarben) – prinzipiell abhängig vom Nährboden – auch zartrosa möglich
- schnell wachsend

Kulturunterseite
- farblos, dunkelgelb bis braun

Woodlicht: meist nicht fluoreszierend

Mikroskopische Merkmale

Mikrokonidien
- wenige
- Akladiumform

Makrokonidien
- zahlreich, dominierend
- Spindeltyp (nicht so stark ausgeprägt wie beim M. canis)
- dünnwandig
- fünf- bis sechskammrig
- mehr oder weniger Protuberanzen an der Oberfläche
- bündelweises Auftreten

Haar nativ
- ekto-/endotricher Befall

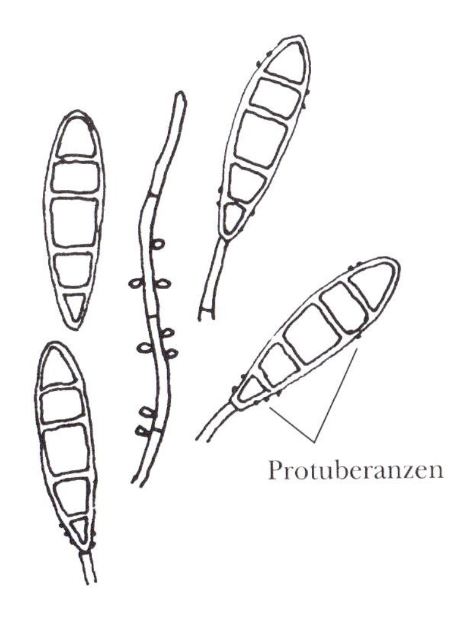

Mikrosporum audouinii

(antropophil)

Makroskopische Merkmale (Kultur)

Kulturoberseite

- in der ersten Wachstumsphase watteähnliches, lockeres Luftmyzel
- dann festes, flaches, kurzes, weißgraues Luftmyzel (Thallus)
- ältere Kulturen bräunlich bis braun
- radiärfaltiges Wachstum (nicht bei allen Stämmen)

Kulturunterseite

- im mittleren Teil braun, sonst farblos

Woodlicht: gelbgrün fluoreszierend

Mikroskopische Merkmale

Mikrokonidien

- wenig
- lateral an den Hyphen

Makrokonidien

- spät auftretend und wenig
- Spindeltyp
- Einschnürungen
- sichelförmige Krümmungen
- zwei- bis achtkammrig
- Protuberanzen an den Polen oder auch an der Zellwand (es gibt Stämme ohne rauhe Oberfläche!)

Haar nativ

- ektotricher Befall

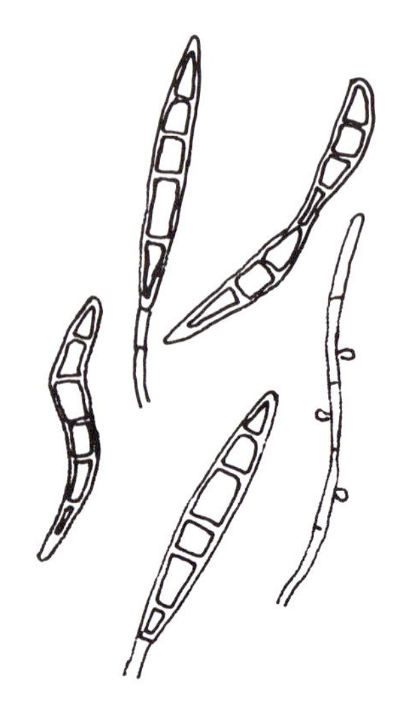

Epidermophyton floccosum

Makroskopische Merkmale (Kultur)

Kulturoberseite
- senffarben
- kurzes Myzel – samtartiges Aussehen
- kleine, watteähnliche, pleomorphe Kolonien, z. T. cerebriform

Mikroskopische Merkmale

Mikrokonidien
- *keine!*

Makrokonidien
- reichlich
- keulenförmig
- dünnwandig
- glatt
- zwei- bis neunkammrig
- lateral an den Hyphen (einzeln oder in Gruppen) gelagert

Chlamydosporen
- reichlich
- terminal und interkalar

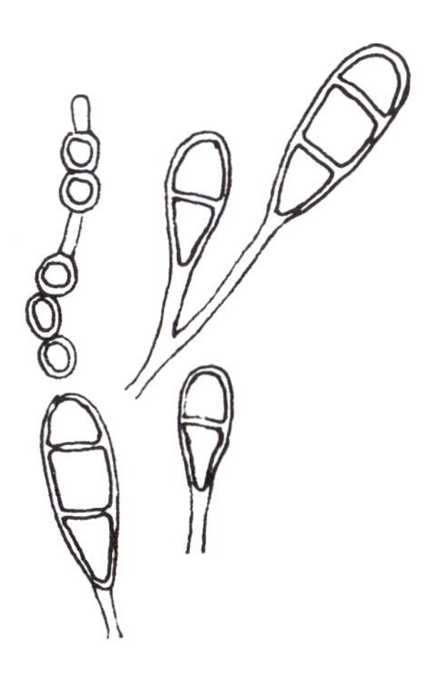

II Hefen

Candida albicans

Makroskopische Merkmale (Kultur)

- auf Sabouraud-Dextrose-Agar 2 % Wachstum bereits nach 24 Stunden (bei 25 °C langsamer in kleineren Kolonien und bei 37 °C schneller in größeren Kolonien)
- kleine, glatte, weiße Kolonien
- bei älteren Kulturen – peripher submerses Wachstum von Pseudomyzel und von echtem Myzel in den Nährboden hinein
- es gibt auch eine „Rauhform", d. h. mit rauher Oberfläche der Kolonien – nie aber Luftmyzel!

Mikroskopische Merkmale

- *Sproßzellen* (Blastosporen)
- *Pseudohyphen-Pseudomyzel*
- (gehören zum Charakteristikum aller Candidaspezies!)
- echtes *Myzel*
- *Chlamydosporen:* interkalar und terminal
- Chlamydosporen mit doppelkonturierter Membran

Auf *Reisagar* werden Chlamydosporen reichlich gebildet und dienen hier der Artbestimmung.

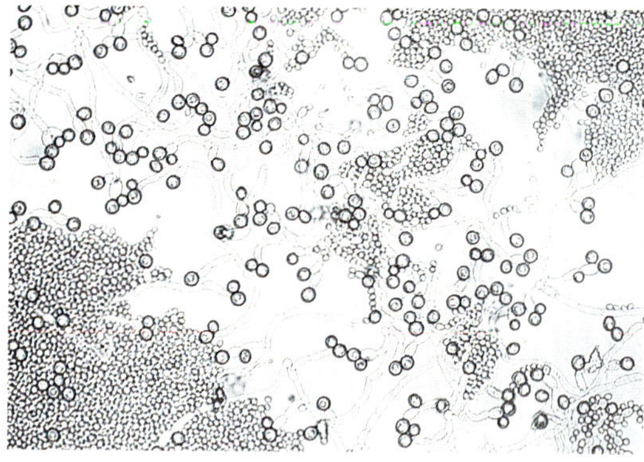

(Die Abbildung wurde von Prof. Dr. W. Meinhof zur Verfügung gestellt)

DD: Candida stellatoidea

Makroskopische Merkmale (Kultur)

- feines Wachstum von Pseudomyzelien
- *aber* im Gegensatz zu C. albicans keine Assimilation von Saccharose (biochemische Reihe, S. B5.1).

Mikroskopische Merkmale

- ebenfalls *Blastosporen, Chlamydosporen* und *Pseudomyzel*

Candida glabrata

Syn.: Torulopsis glabrata

Makroskopische Merkmale (Kultur)

Kulturoberseite
- glatte, weiche, rundliche Kolonien
- cremefarbig
- kein Pigment

Mikroskopische Merkmale

- bildet auf Reisagar *kein* Pseudomyzel und *kein* Myzel
- kleinere Sproßzellen im Vergleich zu C. albicans

Anmerkung: Zur Therapieresistenz s. Kap. E.

Cryptococcus neoformans

Makroskopische Merkmale (Kultur)

- auf Sabouraud-Glucose-Agar oder aber besser auf *Staib-Agar** (Guizotia abyssinica)
- gutes Wachstum bei 37 °C im Gegensatz zu einigen apathogenen Cryptococcus-Arten

Kulturoberseite
- auf Staib bräunliche Färbung
- auf Sabourand-Glucose-Agar weiß bis cremefarben, später bräunlich
- schleimige, glänzende (Schleimkapsel) Kultur
- biochemische Differenzierung!

*„Guizotia Keratin“ als Fertignährboden erhältlich

Mikroskopische Merkmale

- *weder* Pseudomyzel *noch* Myzel
- *Sproßzellen* fast kreisrund und mit einer *Schleimkapsel* umgeben, die unterschiedlich dick und manchmal größer als die Sproßzelle selbst ist

Beim flüssigen Untersuchungsmaterial empfiehlt sich ein Nachweis im Tuschepräparat

Rhodotorula rubra

Makroskopische Merkmale (Kultur)

Kulturoberseite

- Kolonien creme- bis lachsfarben oder von rosa bis korallenrot
- glänzende Oberfläche
- glatter Rand
- biochemische Differenzierung erforderlich (s. B.5.1)

Mikroskopische Merkmale

- *Sproßzellen* rund, oval oder länglich
- Keimung an vielen Stellen der Mutterzelle (Tochterzellen-Bildung)
- *Pseudo- und echtes Myzel* können zwar gebildet werden, sind aber meist nicht entwickelt

Anmerkung: Die Pathogenität ist zweifelhaft und hängt von den klinischen Gegebenheiten ab.

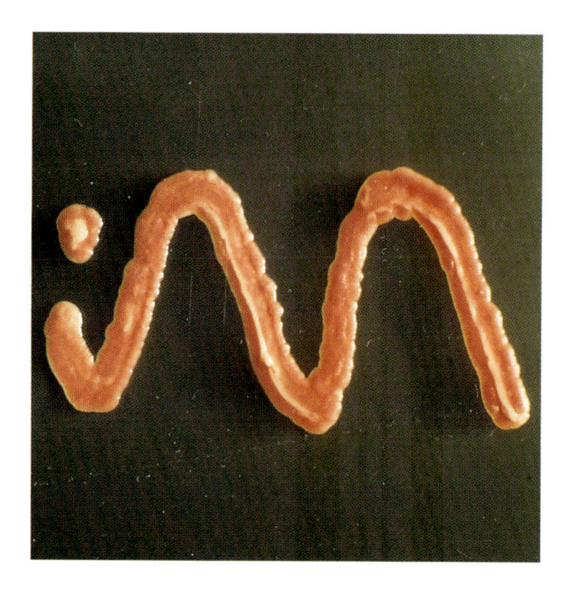

Trichosporon cutaneum

Syn.: Trichosporon beigelii

Makroskopische Merkmale (Kultur)

Kulturoberseite

- schmutzige, weiße bis gelbliche, weiche, feuchte, faltig erhabene Kolonien
- bei älteren Kulturen erscheint der Kolonierand ebenfalls gefaltet
- insgesamt unruhige Oberfläche, die oft mit „Buttercremetorte" verglichen wird

Anmerkung: Erreger der *weißen Piedra*

Mikroskopische Merkmale

- *Sproßzellen*/Blastosporen
- ausgeprägtes *Pseudomyzel*
- echtes Myzel – zerfällt im reiferen Wachstumsstadium in Arthrosporen (hier oft Verwechslungen mit Geotrichum candidum)

Merke: Geotrichum candidum hat keine Blastosporen!

- Allerdings bei älteren Kulturen bildet Trichophyton cutaneum kaum noch oder gar keine Blastosporen mehr, dann sind die beiden Stämme mikroskopisch nicht mehr eindeutig differenzierbar.

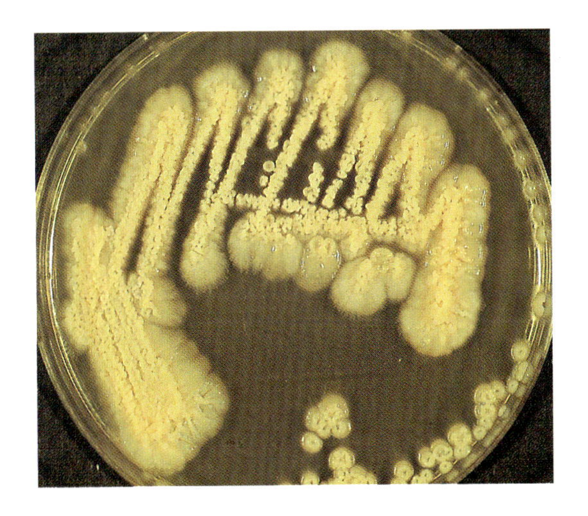

III Schimmelpilze

Aspergillus niger

Bem.: Aspergillus (lat.) = Weihwasserwedel

Makroskopische Merkmale (Kultur)

- sehr schnelles Wachstum

Kulturoberseite

- das *vegetative Myzel* ist anfangs weiß bis gelblich, später aufgrund der Verfärbung der Konidien Übergang zu schwarz bis tiefschwarz
- oft im Zentrum der Kultur Schwarzfärbung (Konidienköpfchen), während die Peripherie noch einen weißen oder gelben Saum zeigt

Mikroskopische Merkmale

- wie bei allen Apergillus-Arten ist das Konidienköpfchen eine wichtige Hilfe bei der Differenzierung
- der *Konidienkopf* sitzt auf dem Konidienträger und ist wie folgt aufgebaut:

1. Vesikel (Bläschen)
2. Phialide / Sterigmen
3. Konidien/Sporen

- *Konidien* rund, anfangs glatt, später rauhwandig, um das gesamte Köpfchen angeordnet
- *Sterigmen* braun bis braunschwarz, anfänglich ein-, später zweireihig
- Hyphen septiert

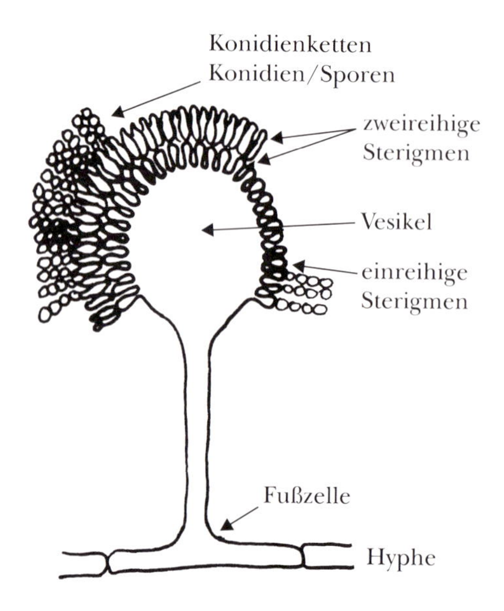

Aspergillus fumigatus

Makroskopische Merkmale (Kultur)

- optimales Wachstum bei 37 °C (Systemmykosen)

Kulturoberseite
- samtähnlich oder etwas flockig
- mögliche Farbenpalette von weiß über hellgrün, dunkleres grün bis rauchgrau und schwarz

Ammerkung:
- zum Nachweis von Aspergillus fumigatus als Erreger einen Nährboden ohne Zusatz von Cycloheximid verwenden
- bei verzögertem Wachstum weitere Kulturen bei 37 °C und 25 °C auf Sabouraud-Glucose-Agar und Czapek-Agar anlegen
- der Verdacht auf Aspergillus-fumigatus-Befall sollte prinzipiell vorsichtig geäußert werden, da sekundäre Besiedlungen des Materials (Verunreinigungen) möglich sind – *Kontrolluntersuchungen!*

Mikroskopische Merkmale

- charakteristisches Köpfchen:
- *Konidien-/Sporenketten* sitzen auf einreihigen Sterigmen
- *Sterigmen* auf dem oberen Kopfteil und parallel zur Achse des Konidienträgers (Konidiophors)
- *Hyphen* septiert

DD: **Penicillium Arten** – auf das Köpfchen achten, da oft Verwechslungen!

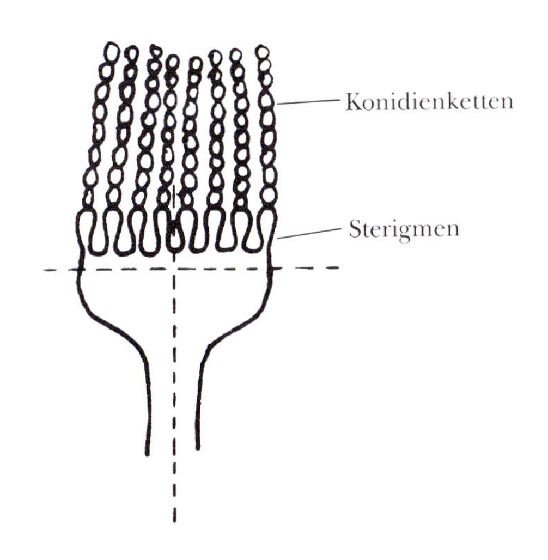

Aspergillus flavus

Makroskopische Merkmale (Kultur)

Kulturoberseite
- anfangs Wachstum in einer runden und flachen Kolonie
- mit ansteigender Sporenbildung Farbveränderungen von gelb, gelbgrün bis gelblichbraun

Kulturunterseite
- zuerst gelblicher, dann brauner Farbton

Anmerkung: Aflatoxinbildner!

Mikroskopische Merkmale

- typisches Aspergillusköpfchen
- *Konidienträger* lang und breit
- runde *Vesikel*
- radiär ein- und zweireihige Sterigmen
- *Konidien* rund, z. T. farblos bis gelblich-grün, durch ungleichmäßige Färbung wirken sie unruhig und rauhwandig
- *Hyphen* septiert

Scopulariopsis brevicaulis

Makroskopische Merkmale (Kultur)

- auf Sabouraud-Glucose-Agar 2 % mäßig schnell wachsend
- optimale Wachstumstemperatur: 25°C

Kulturoberseite
- staubartig oder
- Bildung von tiefen Einschnitten von der cerebriformen Mitte ausgehend oder
- flaches Wachstum
- anfangs weiß, dann in den typischen zimtbraunen Farbton übergehend

Kulturunterseite
gelblichgrau

Anmerkung: Befällt bevorzugt Zehennägel. Die Kultur sollte gut beobachtet werden, ob noch ein Dermatophyt als Keim in Frage käme. Es wäre ratsam, zwei Kulturen anzulegen: eine bei 20 °C und die andere bei 32 °C (Brutschrank).

Mikroskopische Merkmale

- Bildung von Sporen/Konidien an den *Annellophoren,* die selbst an der Hyphe sitzen
- Entstehung von *Sporenketten,* durch Nacheinanderbildung und Abschnürung von Sporen – ein-, zwei- und selten mehrreihig oder sogar pinselförmig (Verwechslungen mit Penicillium!)
- Sporen größer als bei Penicillium, kugel- bis zitronenförmig
- Sporenaußenwand – rauh

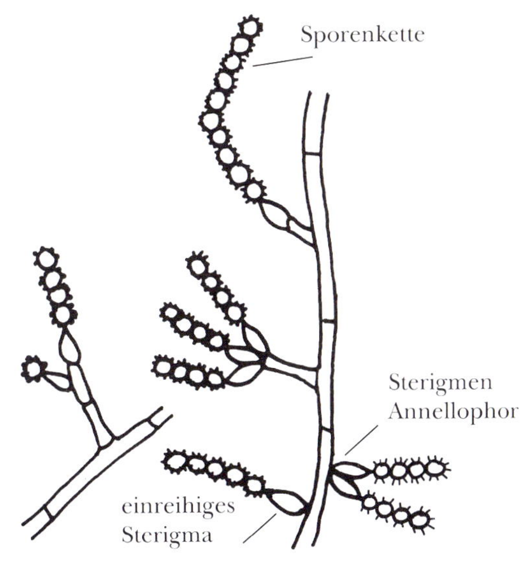

Gruppe der sogenannten **„Schwärzepilze“:** Myzel und Konidien dunkelpigmentiert

Makroskopische Merkmale (Kultur)

Alternaria

- rasch wachsend

Kulturoberseite
- dunkelgrün
- anfänglich kurzes, samtähnliches Luftmyzel
- später lockeres, weißgraues Luftmyzel

Kulturunterseite
- schwarz

Stemphylium

- rasches Wachstum
- dichtes, schwarzes Myzel, später flockig

Ulocladium

- ähnlich wie bei Stemphylium

Abb.: Alternaria

Mikroskopische Merkmale

Alternaria

- *Konidien* keulenförmig, muriform (charakteristische mauerförmige Unterteilung), kettenförmig, mit dem abgerundeten Ende zur Hyphe sitzend
- *Hyphen* reichlich septiert

Stemphylium

- Konidien plump, länger als breit, muriform, solitär auf Konidiophoren sitzend
- Konidiophor weist eine Einschnürung im Bereich des Septums auf, die durch die Proliferation zustande kommt (Porosporen)

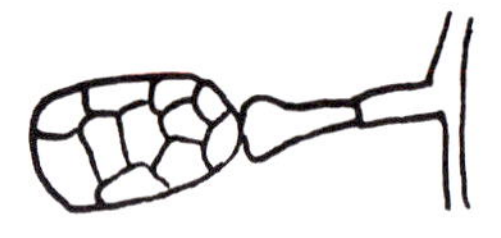

Ulocladium

- *Konidien* oval, rauh mit dem verjüngten (keilförmigen) Ende zum Konidiophor
- Konidiophor zickzackförmig (durch seine typische Art der Konidienbildung)

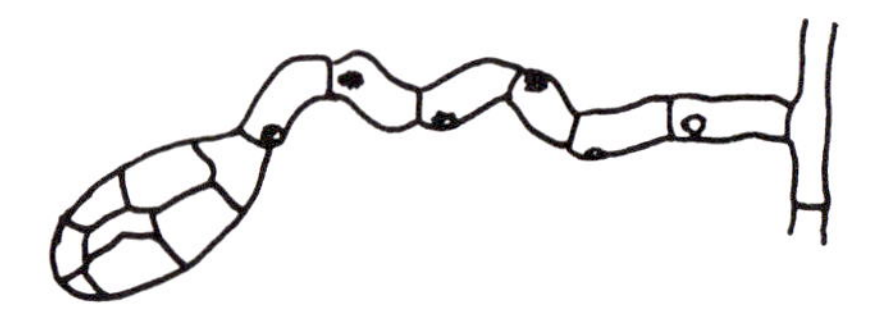

Cladosporium herbarum

Makroskopische Merkmale (Kultur)

- kein schnelles Wachstum

Kulturoberseite
- dicht, samtartig
- von gelbgrün und olivgrün über dunkelgrün bis tief schwarz
- gelegentlich feuchtglänzend, später jedoch Luftmyzel

Mikroskopische Merkmale

- *Konidien* oval, auf den wie Äste aussehenden Konidiophoren kettenförmig angeordnet, zur Peripherie hin kleiner
  Sie entstehen aus dem *Hormodendrum*, d. h., der Konidiophor schnürt terminal eine runde, später ovale Papille ab, wodurch die erste Konidie entsteht. Daneben findet der gleiche Prozeß statt, und so kommt es zur Ausbildung von zwei Basiskonidien, die sich kettenförmig durch Knospung weitervermehren.

Anmerkung: Bei Hormodendrum handelt es sich um eine Pilzstruktur, die sporenbildende Zellen beinhaltet.

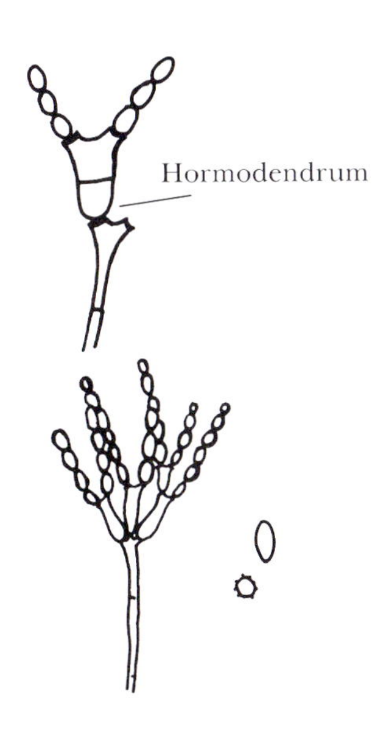

Cephalosporium acremonium

Makroskopische Merkmale (Kultur)

Kulturoberseite
- zunächst fest, mit glattem Rand, später ein lockeres Luftmyzel
- anfangs leicht orangerosa, später weiß
- DD: Dermatophyten

Mikroskopische Merkmale

- *Konidien* sehr klein, einzellig, äußerst selten zweizellig, wie der Name sagt, zu einem Köpfchen zusammengeballt
- *Konidiophoren,* auf denen die Köpfchen sitzen: sehr fein, nicht septiert, senkrecht zur Hyphe
- *Hyphen* können *Koremien* bilden, d. h., sie verlaufen parallel

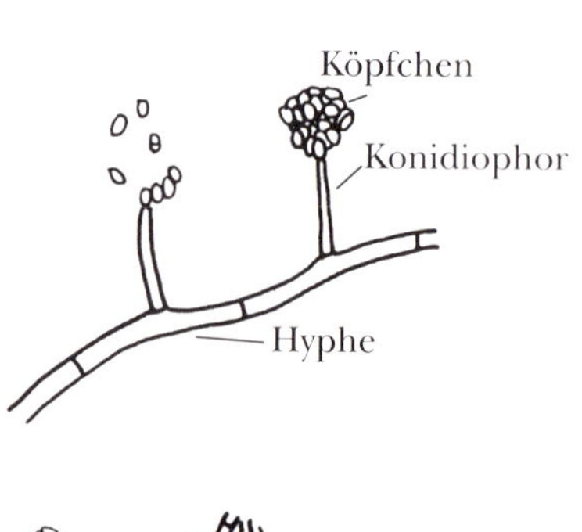

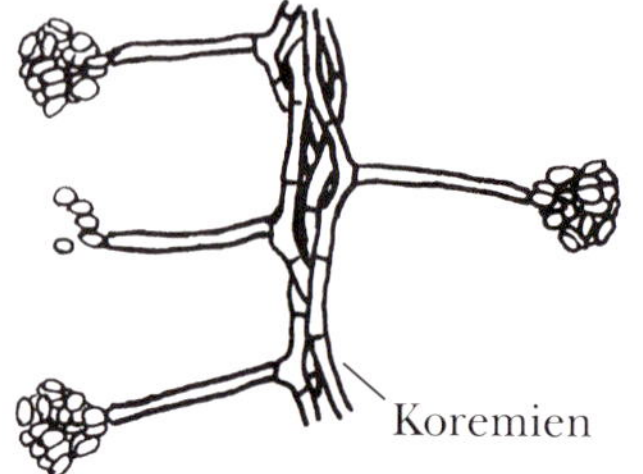

Zygomyceten: Mucor – Rhizopus – Absidia

Makroskopische Merkmale (Kultur)

Mucor

- rasches Wachstum

Kulturoberseite

- lockeres, weißgraues Luftmyzel mit schwarzen Köpfchen (Sporangien), füllen den ganzen Raum vom Nährboden bis zum Deckel der Petrischale, auf der sich die Kultur befindet, aus.

Abb.: Rhizopus

Mikroskopische Merkmale

Mucor

- Nachweis durch Vorhandensein von *Sporangien* mit einer Columella
- Aufbau: Sporangiophor, Sporangium mit Sporangiosporen
- *Hyphen* unseptiert

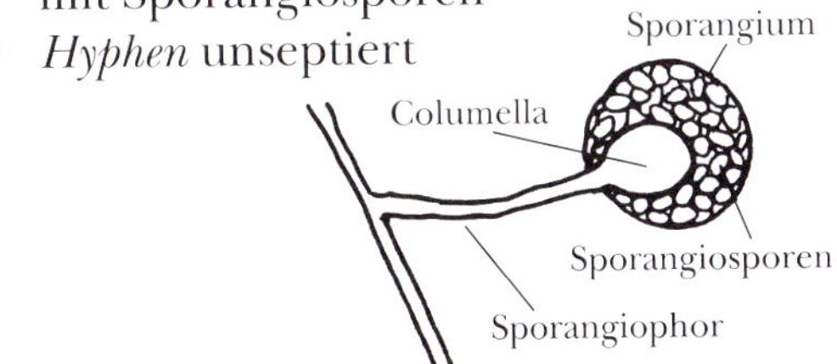

Rhizopus

- Bildung von *Rhizoiden* an den Stellen, wo das Myzel in Kontakt mit dem Nährboden tritt, von hier aus:
- *Sporangiophoren*-Wachstum (einzeln oder in Büscheln), an deren oberen Enden sich schwarze Sporangien befinden

Absidia

- Verzweigungen der Sporangiophoren und Bildung von Sporangien auf unterschiedlich langen Trägern

Penicillium

Penicillium (lat.) = Pinsel

Makroskopische Merkmale (Kultur)

- schnelles Wachstum

Kulturoberseite

- samtähnliche Oberfläche
- blaue, grüne oder gelbe Varianten
- Randzone bleibt oft weiß
- häufig Tropfen (Guttationstropfen) mit Farbeinlagerungen

Anmerkung: Oft als Verunreinigung in den Kulturen zu finden.

Es gibt weit über 100 Penicilliumarten, die alle gemeinsame wesentliche Merkmale haben, z. B.: *P. notatum* (Penicillin), *P. griseofulvum* (Griseofulvin), *P. casei: P. camemberti, P. roquefortii.*

Mikroskopische Merkmale

- Konidien einzellig, rund/oval, rauh- oder glattwandig, kettenförmig angeordnet
- Konidiophor läßt durch seinen Aufbau eine Klassifizierung zu
- charakteristische „Pinselformen"

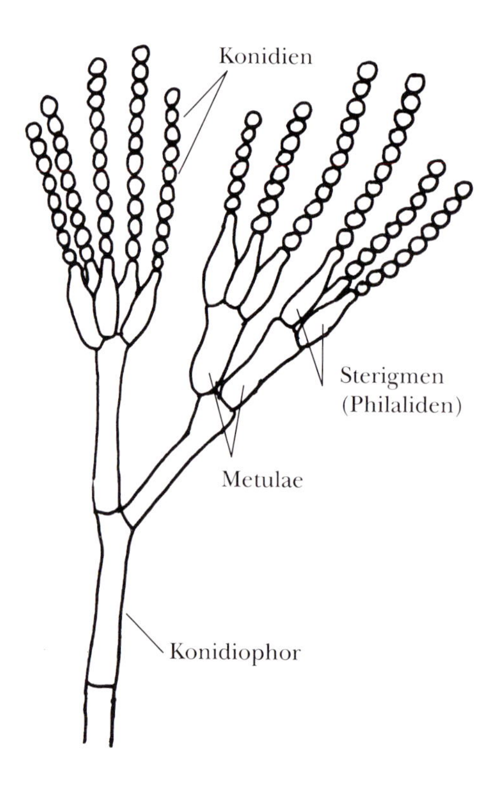

Verticillium

Makroskopische Merkmale (Kultur)

Kulturoberseite
- Farbumschlag zonenweise von rosa, orangegelblich bis braun
- gelegentlich Faltenbildung

Mikroskopische Merkmale

- *Konidien* ein- oder zweizellig, rund/oval, von den Phialiden/Sterigmen ausgehend
- vom *Konidiophor* aus Bildung von Seitenverzweigungen, die in gleichen Abständen und übereinander angeordnet (etagenförmig) sind und sich an den Enden wirtelförmig anordnen

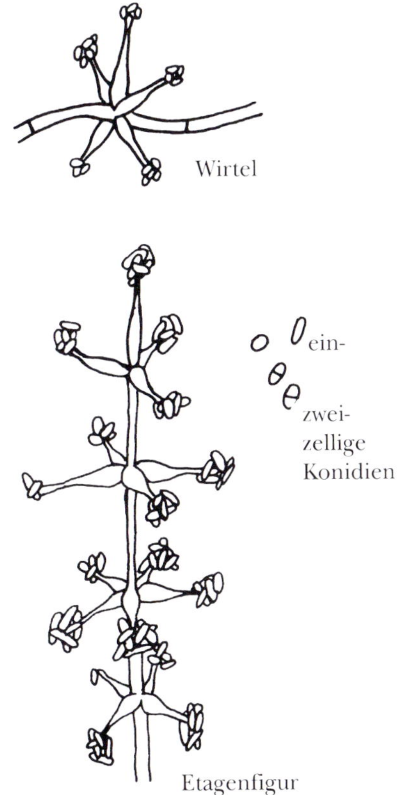

Chrysosporium

Makroskopische Merkmale (Kultur)

Kulturoberseite
- anfangs weiß-flaumig, später gipsartiges Aussehen
- Oberfläche glatt oder faltig
- Farbe weißgrau, cremefarben, gelegentlich rosabraun
- DD: Dermatophyten

Kulturunterseite
- gelblich

Mikroskopische Merkmale

- Konidien klein, rund bis birnenförmig, glatt- oder rauhwandig, an den Hyphenspitzen oder lateral sitzend

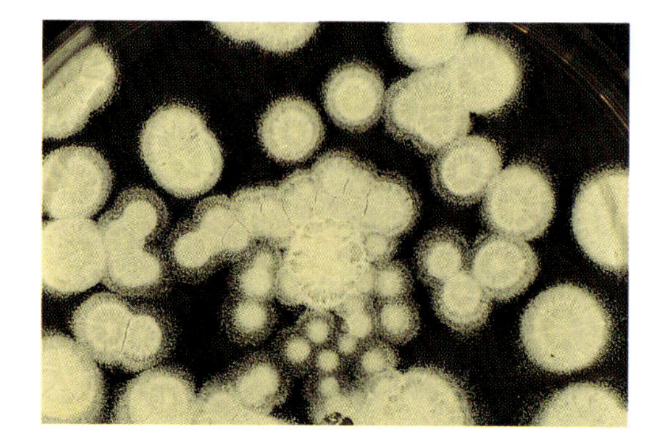

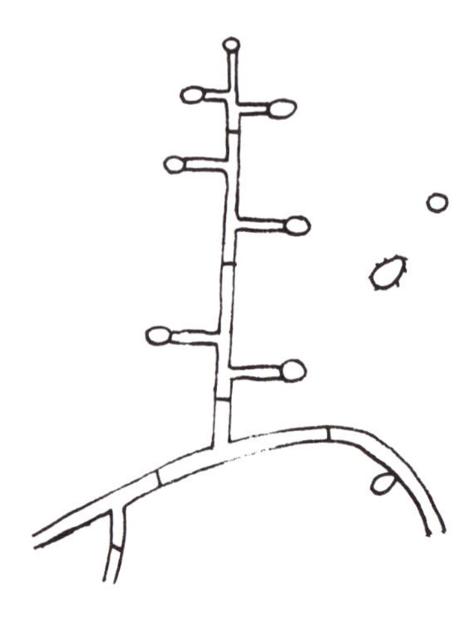

Aureobasidium pullulans

biphasisch

Makroskopische Merkmale (Kultur)

- Wachstum nicht besonders schnell

Kulturoberseite

- lederartig, glänzend, faltig
- anfangs cremefarben, schleimig, dann nach und nach fester mit zunehmender Schwarzfärbung
- Randzone hell, hier Wachstum der Hyphen bündelförmig zur Peripherie hin – dadurch wirkt der Rand unregelmäßig
- bei älteren Kulturen kann ein diskretes Luftmyzel zu sehen sein

Anmerkung: Pathogenität wurde bisher nicht beschrieben.

Mikroskopische Merkmale

- durch das *hefeartige Wachstum* besteht eine starke Ähnlichkeit zu den Sproßzellen – besonders gut auf 5%igem Schafblutagar anzüchtbar: längliche Sproßzellen mit Sprossungen an beiden Enden
- in der *Myzelform* ovale oder birnenförmige Konidien (jüngere Form), später besteht das Myzel aus dickwandigen, fast rechteckigen Zellen und entläßt aus kurzen „Keimschläuchen" (gefäßförmigen Öffnungen) Konidien

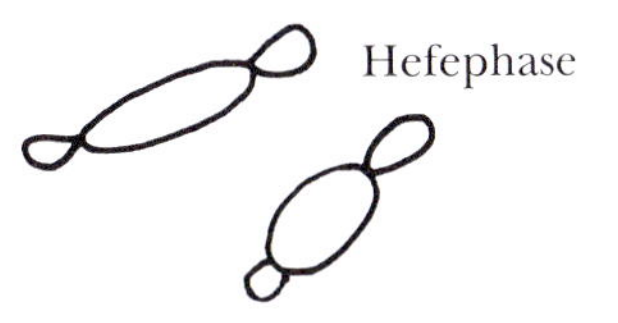

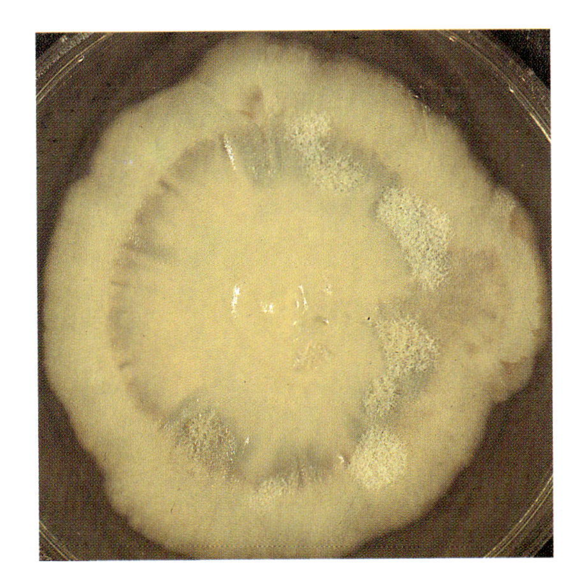

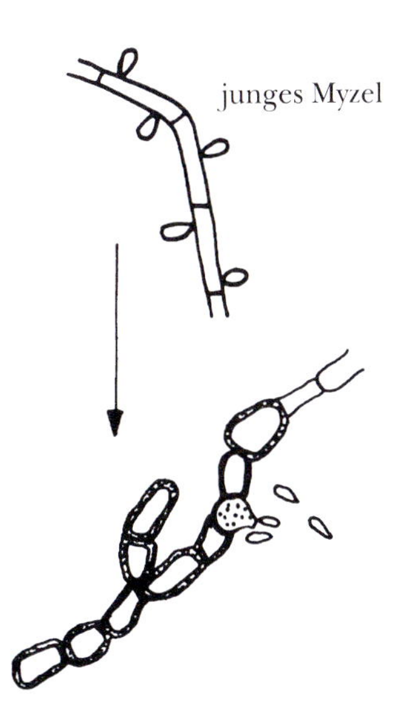

Paecilomyces

Penicillium-ähnlicher Keim

Makroskopische Merkmale (Kultur)

Kulturoberseite
- flach, trocken, puderartig
- anfangs weiß, dann braun bis olivgrün mit einem meist hellen Rand

Mikroskopische Merkmale

- *Konidien* glatt, oval, einzellig, kettenförmig auf langen Phialiden/Sterigmen sitzend
- *Konidiophoren* reichlich, unregelmäßig verzweigt

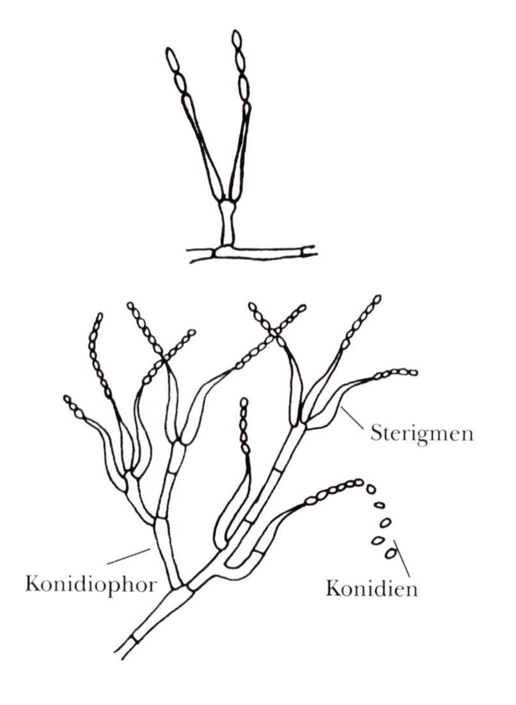

Trichothecium roseum

Makroskopische Merkmale (Kultur)

- schnelles Wachstum

Kulturoberseite

- puderartig
- wolliges Luftmyzel
- anfangs weiß, dann rosa

Mikroskopische Merkmale

- *Konidien* glattwandig, zweizellig, auf langen, unseptierten Konidiophoren in einer Rosetten-(Margeriten-)förmigen Anordnung mit dem spitzen Ende zur Hyphe sitzend

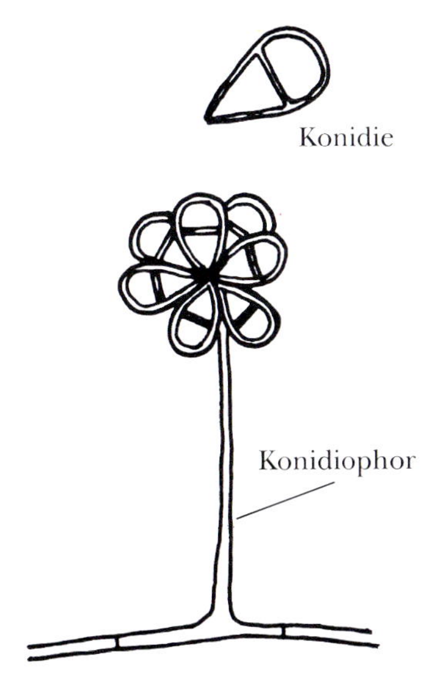

Fusarium

Makroskopische Merkmale (Kultur)

- schnelles Wachstum

Kulturoberseite
- weißes, lockeres Luftmyzel
- Farbe vom Zentrum aus rosa über kaminrot bis violett mit einem hellen Rand

Kulturunterseite
- hellrot bis rot

Mikroskopische Merkmale

- *Konidien,* lange, dünnwandige, zwei- bis sechszellige (Makrokonidien), sichelförmig mit typischer Krümmung
- daneben einzellige, ovale Konidien (Mikrokonidien)

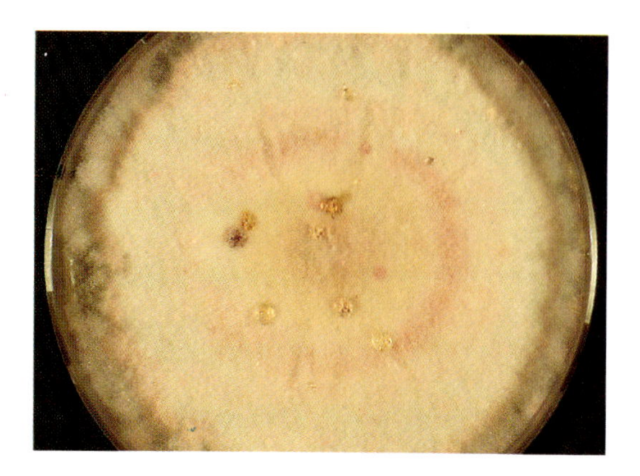

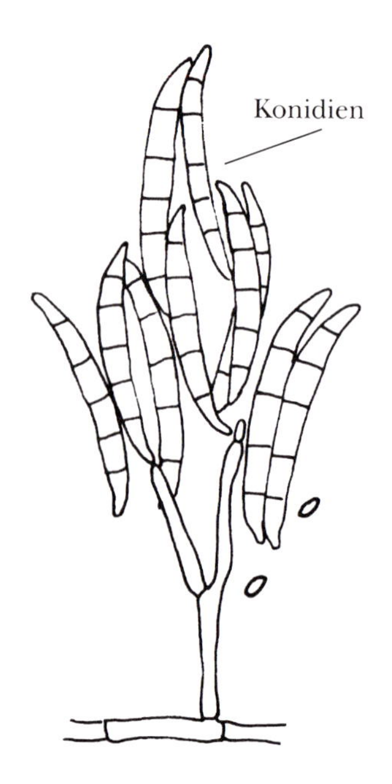

D Ausgewählte medizinische Aspekte der Pilzinfektionen

1 Allgemeines

Solange sich eine Pilzinfektion auf der Haut ausbreitet ist sie dem behandelnden Arzt gut zugänglich. Anders ist es beim Befall innerer Organe.
In immunkompetenten Wirten verursachen Pilze kaum klinisch bedeutsame, schwere systemische Infektionen. Bei einer Pilzbesiedlung sind besonders immunsupprimierte Patienten gefährdet sowie immunologisch noch nicht ausgereifte Organismen. Die Systemmykosen werden sehr häufig erst post mortem diagnostiziert. Deshalb empfiehlt sich die Durchführung eines sorgfältigen mykologischen Status bei jedem schwerkranken Patienten auf einer onkologischen und der intensivmedizinischen Abteilung. Generell ist bei Patienten mit einem *Defekt der Neutrophilen* an eine Candidose, Aspergillose und Zygomycose und bei Patienten mit einem *Defekt der T-Zell-vermittelten Abwehr* an eine Cryptococcose, Histoplasmose, Coccidioidomykose und orale/ösophagale Candidose zu denken. Zu den Risikogruppen gehören insbesondere Patienten:

- mit hämatologischen Erkrankungen (Leukämien, Lymphome)
- mit Tumorerkrankungen besonders unter Chemo- und/oder Strahlentherapie
- nach Transplantationen unter Immunsuppression
- mit HIV-Infektion
- mit schweren Infektionen unter Langzeitantibiotikatherapie
- mit chronischem Alkoholismus und Hypoalimentationszuständen
- mit Autoimmunkrankheiten (z. B. Glomerulonephritis mit Goodpasture-Syndrom)
- mit schweren Soffwechselstörungen (Leberzirrhose, Urämie, Diabetes mellitus)

2 Hefebefall

Physiologischerweise findet man auf der Haut und auf vielen Schleimhäuten, vor allem des Oropharynx sowie der Analregion, Hefen (im Mund bei 60 % aller Menschen). In der Medizin sind sie bei den Patienten auf onkologischen und intensivmedizinischen Abteilungen zu Problemkeimen geworden. Bei immungeschwächten Personen, z. B. Patienten mit einer malignen Erkrankung, HIV-Infizierten und chronisch Kranken, insbesondere unter einer immunsupprimierenden Behandlung und einer Langzeitantibiose, kann eine Hefeinfektion lebensbedrohlich sein. Deshalb ist in diesen Fällen das *rechtzeitige Erkennen* der Infektion und *genaue Pilzdifferenzierung* von großer Bedeutung, um eine gezielte Therapie einleiten zu können. (s. E).

Es können alle Regionen der Haut, Schleimhäute, aber auch speziell die Haarfollikel (chronische Follikulitis candidosa) und die Nagelplatte (Candida parapsilosis) befallen werden. Durch die Fähigkeit zur **Persorption** (= Durchwandern lebender Pilzzellen durch die unverletzte Darmschleimhaut, insbesondere durch das einschichtige Epithel der Darmzotten) stellen die häufig auf den Schleimhäuten gesunder Menschen gefundenen Hefen eine potentielle Gefahr einer Systemmykose im Falle einer Immunschwäche dar. Aber auch schon allein durch ein zu hohes Zuckerangebot und vermehrten Obstgenuß kann das pathogene Potential der Hefen gesteigert werden. Als erste erkennbare Symptome wurden Blähungen und Diarrhöen berichtet. Bei starker Zunahme der Hefen im Darmlumen gelangt dann der Pilz durch die Darmwand in die Lymph- und Blutbahnen, und der Organismus beginnt möglicherweise mit weiteren Krankheitssymptomen darauf zu reagieren. Beim Gesunden findet jedoch eine großflächige Invasion kaum statt. Candidosen gehören zu den häufigsten opportunistischen Infektionen.

Die meisten **Levurosen** (= systemische Candidosen) gehen vom Verdauungstrakt – vom Mund bis zum Anus – aus. Neben der Persorption können tiefe Candidosen, Levurosen und Candidasepsis auch auf anderen Wegen wie etwa über *Venenkatheter* bzw. über *Schmierinfektionen* entstehen. Es kann jedes Organ befallen werden, insbesondere aber Nieren, Leber und Herz (Endokard).

In unserem Labor macht unter allen Hefepilzen *Candida albicans ca. 80-90 %* der Befundergebnisse aus. Auch im Bereich der inneren Medizin dominiert diese Hefe stark, obwohl sich in der letzten Zeit eine Tendenz zum Erregerwechsel in Richtung *Candida glabrata,* und weniger deutlich *Candida krusei,* abzeichnet. Außer Candida albicans sind von den 196 zur Zeit bekannten *Candida-Arten* ca. 20 weitere als humanpathogen zu betrachten.

3 Pathogene Bedeutung der Schimmelpilze

Die pathogene Bedeutung der Schimmelpilzinfektionen erstreckt sich hauptsächlich auf die Bereiche der *sekundären oder opportunistischen Infektionen* (ähnlich wie bei Hefen) und der *Allergologie.*

In der Dermatologie kommen sie meistens als Nutznießer einer schon bestehenden Dermatophyteninfektion vor (z. B. Onychomykose), im Rahmen einer sekundären Infektion, nach Traumen oder bei anderen Grunderkrankungen, da sie keine keratinolytischen Fähigkeiten besitzen.

Bei den *Onychomykosen* sind es die Schimmelpilze, die zu den unterschiedlichen Farbveränderungen bei diesem Krankheitsbild führen können:

- **Cephalosporium acremonium** läßt die befallenen Nägel *weiß* erscheinen. Hier ist differentialdiagnostisch an eine Dermatophyteninfektion zu denken,
- **Scopulariopsis brevicaulis** verleiht den Nägeln ein *braunes* und zerfressenes Aussehen,
- **Alternaria- und Cladosporium**infektionen müssen aufgrund ihres dunklen bis *schwarzen* Farbtons gegenüber solchen Differentialdiagnosen wie Hämatom und Melanom abgegrenzt werden.

Ein anderes medizinisch relevantes Feld, auf dem die Schimmelpilze eine Bedeutung haben, ist das Gebiet der **Allergologie.** Die Diagnostik der Schimmelpilzallergie basiert, wie bei anderen Allergenen, auf den Ergebnissen der RAST-, Prick- oder Intracutan-Testung in Verbindung mit der Patientenanamnese. Da die Korrelation zwischen RAST- und Prick-Testung nicht zufriedenstellend ist, sind weitere *Provokationstests* häufig notwendig. Weiterhin ist die Kenntnis der Wachstumsbedingungen der verschiedenen Pilzarten die Voraussetzung, um die anamnestischen Angaben in Hinblick auf die Testergebnisse richtig auswerten zu können. Hier kann auch die *mykologische Untersuchung des Lebensraums des Patienten* hilfreich sein (z. B. mit der Sedimentationsmethode – s. B 1.5). Bei der Beurteilung der Relevanz der allergologischen Symptomatik bei dem Verdacht auf Schimmelpilzsensibilisierung sollte auch an die *jahreszeitliche Abhängigkeit der Symptomatik* gedacht werden. Unter den extramural vorkommenden Gattungen treten fast nur Penicillium und Aspergillus ganzjährig auf. Die anderen Arten entwickeln sich hauptsächlich im Sommer und im Herbst. Die Schimmelpilze der Wohnräume sind allerdings meistens ganzjährig vorhanden und allergologisch wirksam. Unter den aus der Wohnungsluft in unserem mykologischen Labor isolierten Schimmelpilzarten stellten in den Jahren 1988–1991 *Penicillium, Cladosporium und Aspergillus* 80 % aller Befunde dar.
Bei Pilzallergien muß aufgrund der hohen Variabilität in der Antigenexpression von einer Hyposensibilisierungsbehandlung abgeraten werden.
In der **inneren Medizin** spielen Schimmelpilze eine Rolle, vor allem (ähnlich wie Hefen) als Erreger opportunistischer Infektionen bei Patienten mit einer Immunsuppression und/oder unter Langzeitantibiotikatherapie. Die häufigsten systemischen Schimmelpilzmykosen werden durch Arten der Gattung Aspergillus sowie durch Arten aus der Gruppe der Zygomyceten (Mucor, Rhizopus, Absidia) verursacht.

- **Aspergillose**
  Immunsupprimierte Patienten werden oft durch *A. fumigatus* und *A. flavus* infiziert. Solche Arten wie *A. terreus* können Onychomykosen und *A. niger* Lungenaspergillosen und sogar systemische Infektionen bei Gesunden verursachen. Es können ZNS, Nieren, Endo- und Myocard, Skelett und Gastrointestinaltrakt befallen werden.
- **Zygomykosen**
  Die meisten opportunistischen Infektionen werden von den Vertretern der Genera *Absidia, Mucor* und *Rhizopus* verursacht. Besonders empfänglich sind der Respirations- und Gastrointestinaltrakt.

In der folgenden Tabelle werden einige allergologisch relevante Pilzarten aufgeführt:

Pilzart	allergologische Bedeutung groß	mittel	gering	Vorkommen
Alternaria	+			Erde, Gemüse und andere Pflanzen, Weizen, Textilien, Fensterrahmen
Aspergillus	+			Erde (besonders Blumentopferde), Getreide, faulende Pflanzen (z. B. Heu, Jute, Hanf) Textilien, Hausstaub, Lebensmittel (Fruchtsäfte, Hülsen- und Zitrusfrüchte), Papier, feuchte Tapeten, tierisches Fell, Zusätze bei der Herstellung von bestimmten Lebensmitteln (z. B. Käse)
Aureobasidium		+		Erde, Pflanzenblätter, Saatgut, Früchte, Fruchtsäfte, verderbende Lebensmittel, Papier, Holz, Anstriche in Küchen und Bädern, Verunreiniger von Holz und Wasser in Saunen und Zubern, zu allen Jahreszeiten
Botrytis		+		Blumen und andere Pflanzen, Früchte (besonders Erdbeeren und Weintrauben), Salat, Marmelade, Sporen werden durch Schauerregen freigesetzt, Vorkommen hauptsächlich in feuchten, warmen und subtropischen Regionen, Kälteresistenz
Chaetomium		+		Dung, Stroh, Papier, Holz, Mais, Reis, Zwiebeln, in den Entwicklungsländern Freisetzung bei der Verarbeitung von Hanf und Jute
Cladosporium	+			absterbende Pflanzenteile, Erde, Textilien, Fensterrahmen, Gemälde, Getreide, Kunststoff, Fugenmassen, Kunststoffflächen von Kühlschränken!
Epicoccum			+	Erde, absterbende Pflanzenteile, Saatgut, Bohnen, Insekten, Textilien
Fusarium			+	Getreide, Reis, Zuckerrohr, Mais, Hirse, Obst (verursacht Fäulnis bei Bananen und anderen gelagerten Früchten), Gemüse (vor allem Gurken, Tomaten), Gewächshäuser, Erde
Mucor		+		natürliche Dünger, Erde, Früchte, Fruchtsäfte, Marmelade, Milch, Butter, Käse, Fleisch, Brot, Leder, Getreide, Hausstaub
Paecilomyces			+	Erde, Holz
Penicillium	+			absterbende Pflanzenteile, Früchte, z. B. Zitrusfrüchte, Äpfel, Gemüse, Brot, Käse, Fleisch, Papier, Hausstaub, Zusatz bei der Herstellung von bestimmten Lebensmitteln (z. B. Käse)
Phoma			+	Erde, Rüben, Kartoffeln, gelegentlich auf gestrichenen Wänden und feuchte Oberflächen
Rhizopus		+		Backwaren, Früchte, Erdnüsse, Getreide, Fleischwaren, gekochte Obstreste, Laborkulturen (als Verunreiniger), unbehandelte Holzoberflächen (Holzarbeiterkrankheit), feuchte Innenräume, Kompost, Abgabe von Sporen bei feuchtem, und trockenem Wetter

E Klinische Bilder der Pilzinfektionen

1 Befall der Haut

Verschiedene Formen der Tinea corporis mit typischer randbetonter Rötung, Schuppung und Papeln (sogenannter „Hexenring“).

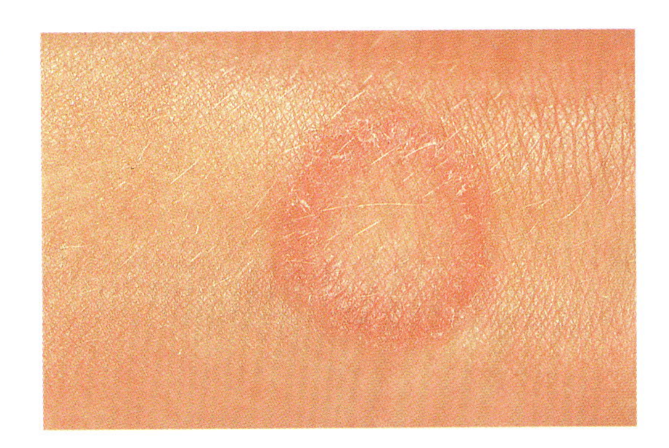

Abb. 1. Tinea microsporica

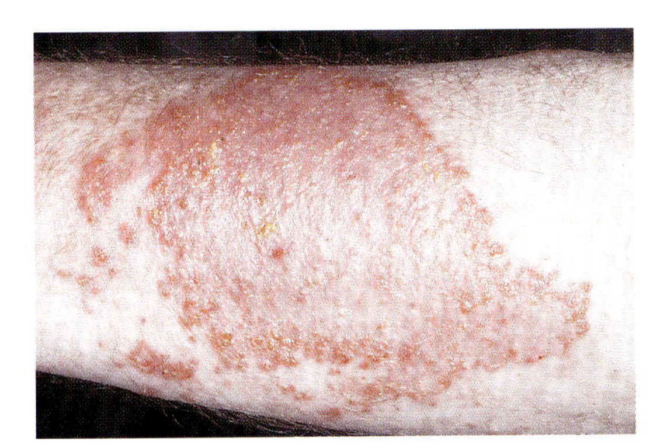

Abb. 2. Tinea trichophytica

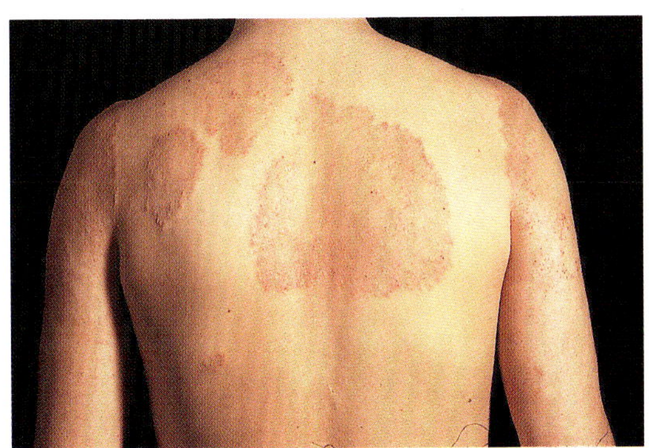

Abb. 3. Candidosis cutis

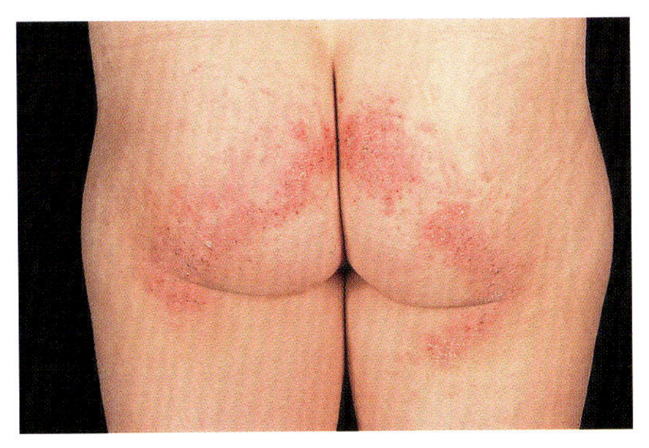

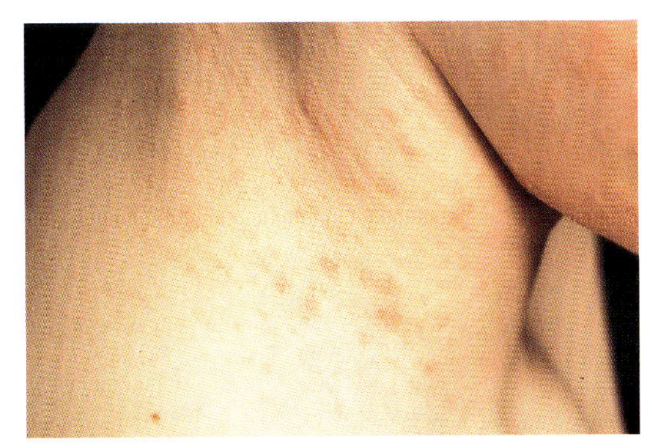

Abb. 4, 5. Weniger typische Bilder der Tinea trichophytica

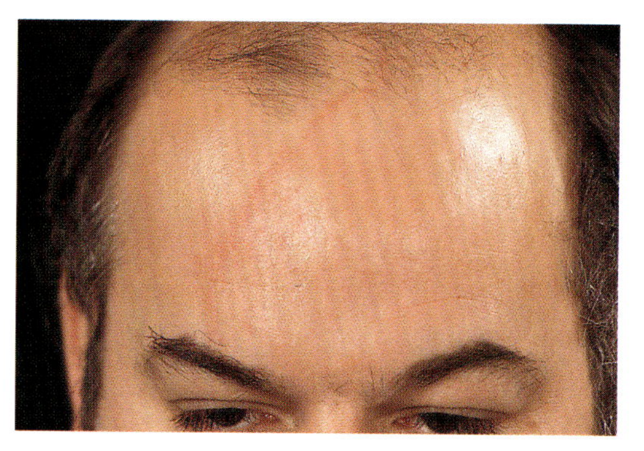

Abb. 6, 7. Tinea faciei (Tinea trichophytica)

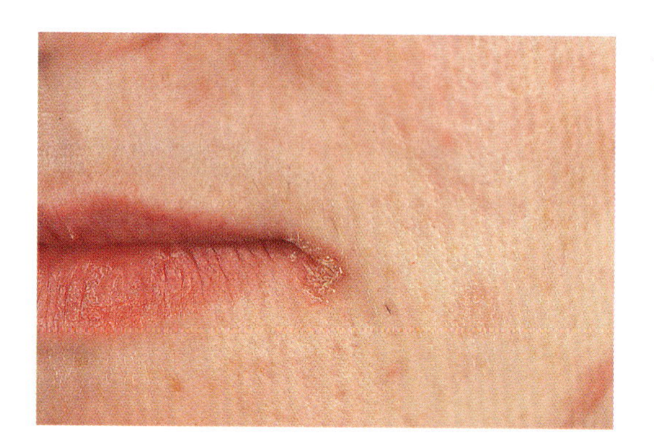

Abb. 8. Angulus infectiosus durch Candida albicans

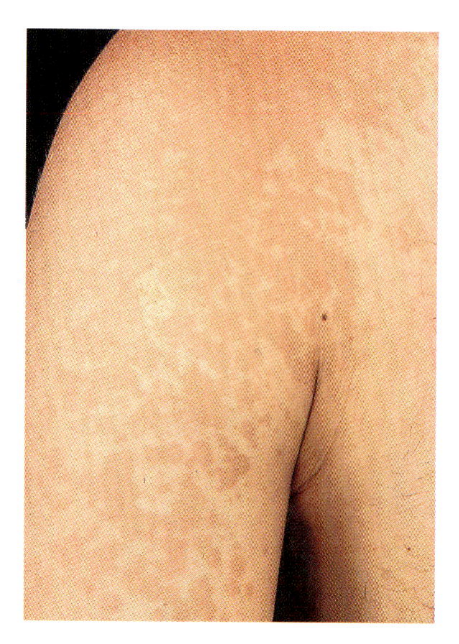

Abb. 9. Pityriasis versicolor

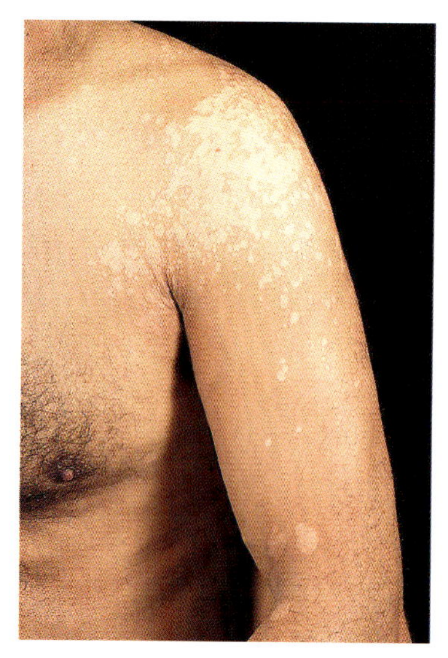

Abb. 10. Pityriasis versicolor alba

Mykosen in von Pilzen besonders bevorzugten Körperregionen

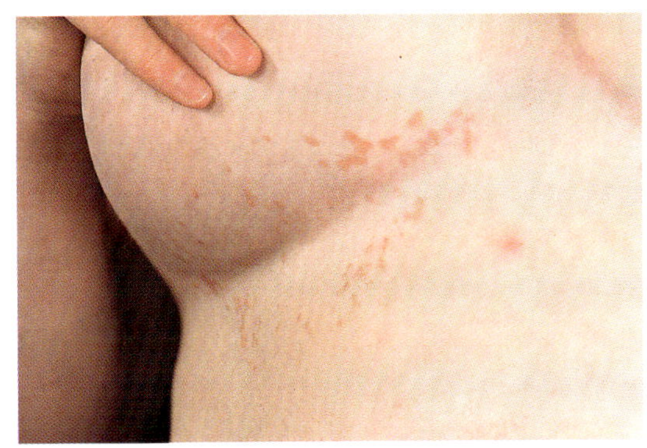

Abb. 11. Candidaintertrigo mit charakteristischen, dem Rand archipelartig vorgelagerten Papeln und Pusteln

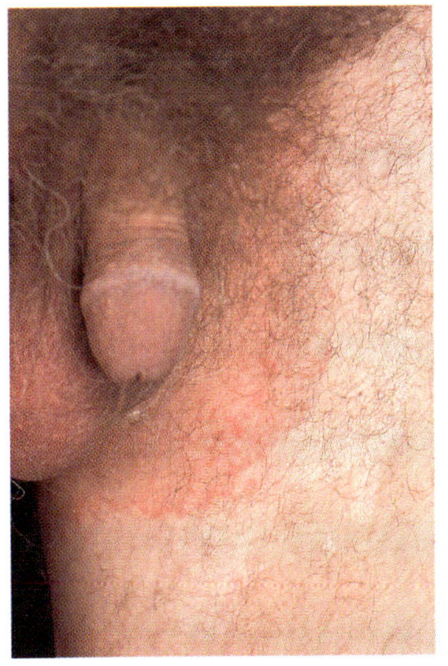

Abb. 12. Tinea inguinalis (Tinea trichophytica)

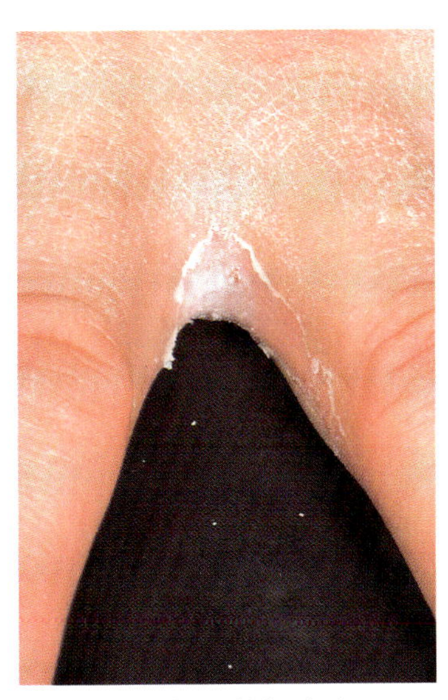

Abb. 13. Candidosis interdigitalis manus

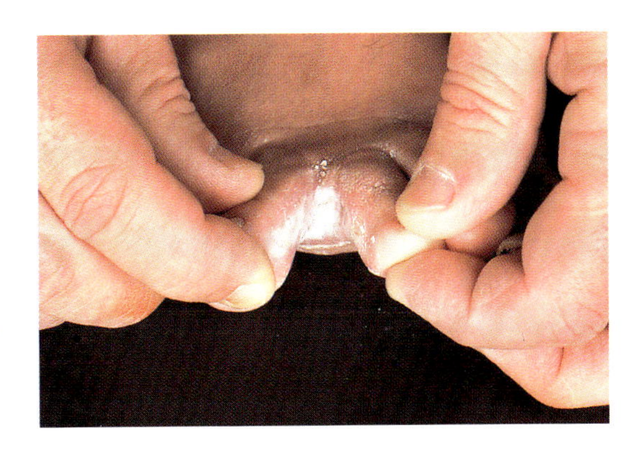

Abb. 14. Tinea interdigitalis pedis (Tinea trichophytica) typisch mit Schuppung, Mazeration und Rhagadenbildung

Verschiedene Formen der Tinea manum – wichtige Differentialdiagnose zum Handekzem (beidseitig)

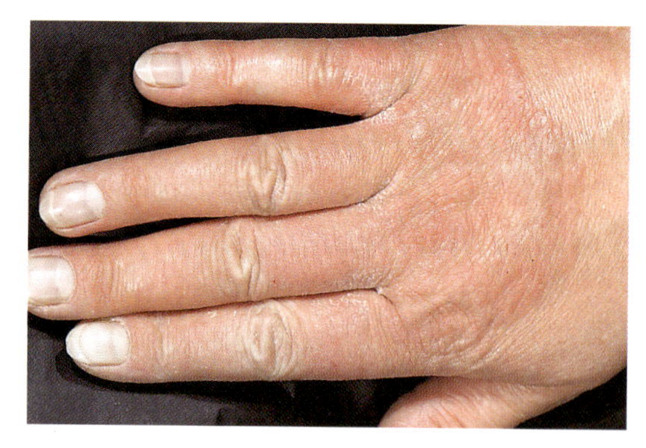

Abb. 15.

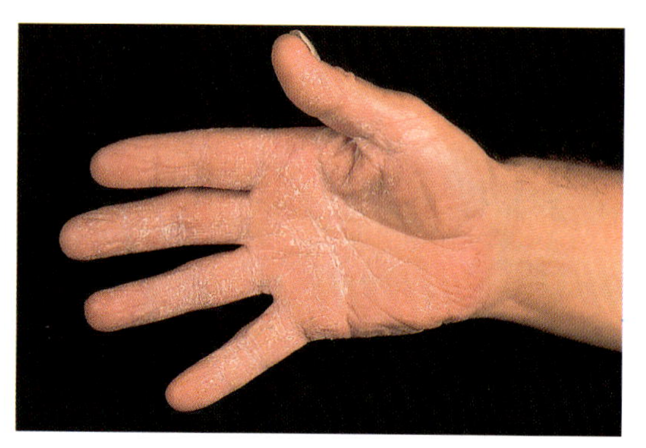

Abb. 16.

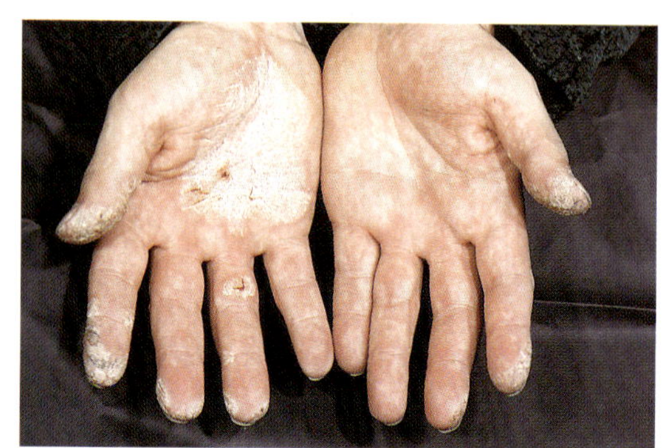

Abb. 17. charakteristischer einseitiger Befall

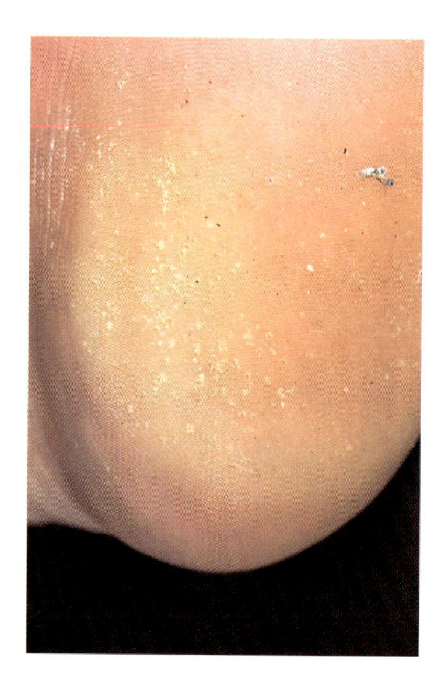

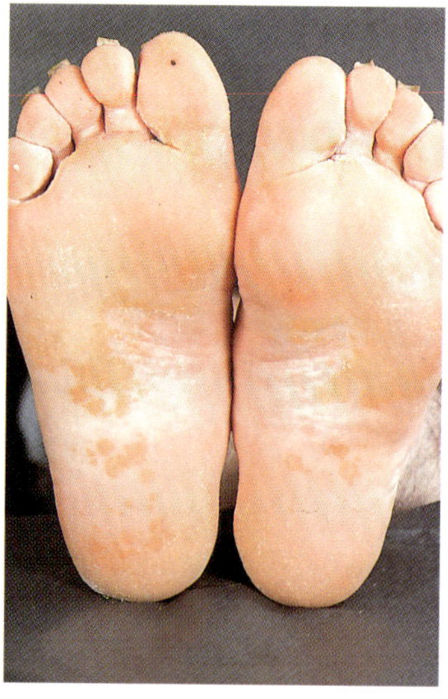

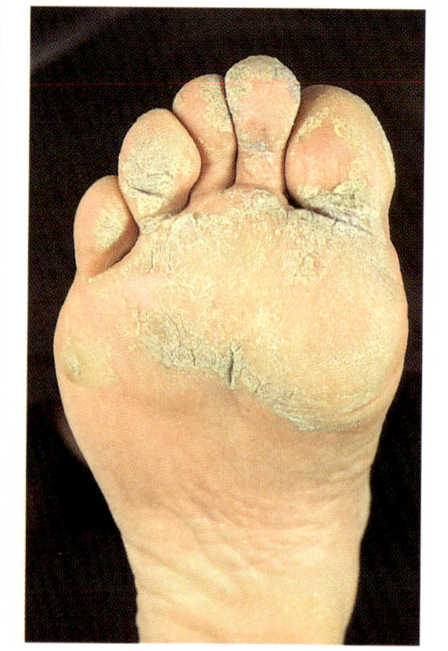

Abb. 18, 19, 20. Verschiedene Formen der Tinea pedis

2 Befall der Schleimhäute

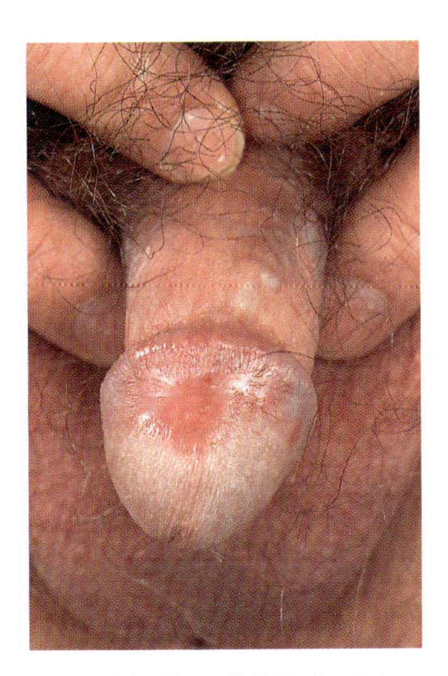

Abb. 21. Candidabalanitis

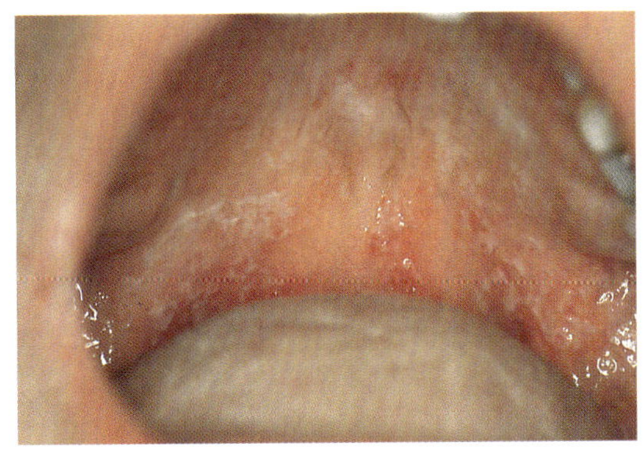

Abb. 22. Stomatitis candidosa

Abb. 23. Glossitis candidosa

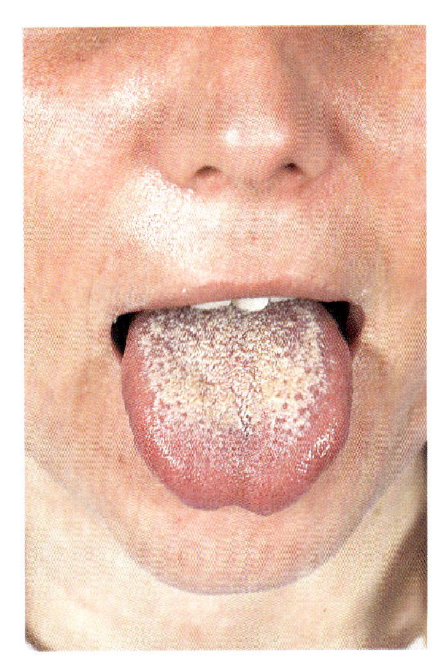

3 Befall der Haare

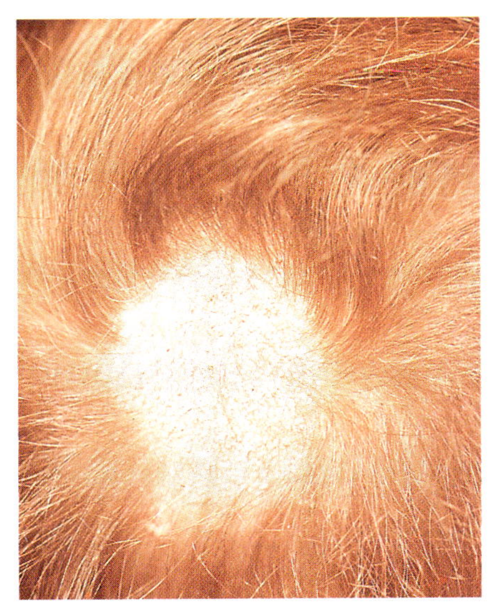

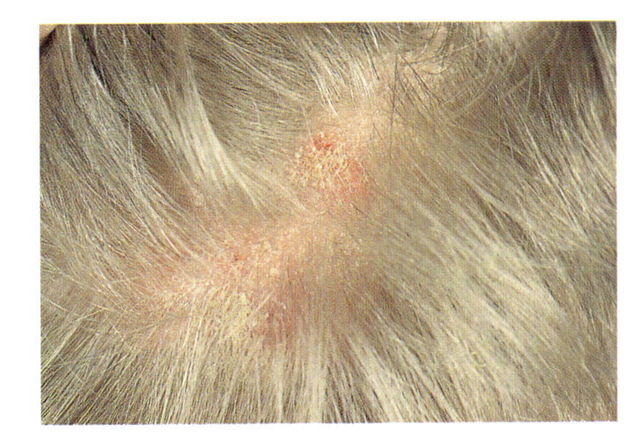

Abb. 24, 25. Tinea capitis microsporica

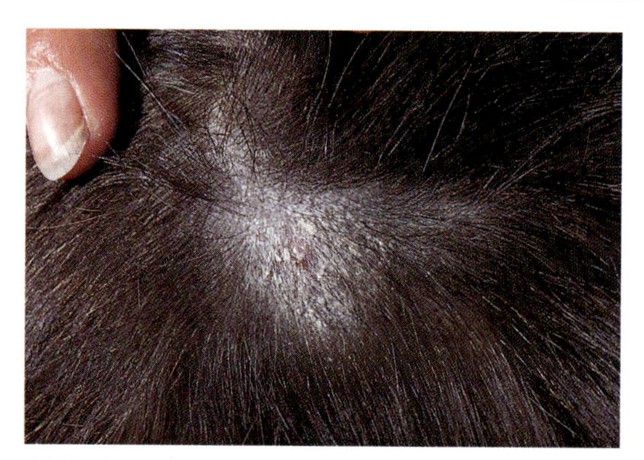

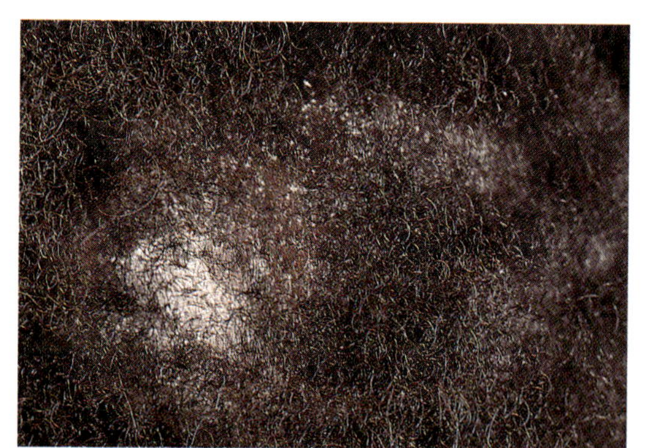

Abb. 26, 27. Tinea capitis mit beginnender Scutulabildung durch Trichophyton schönleinii

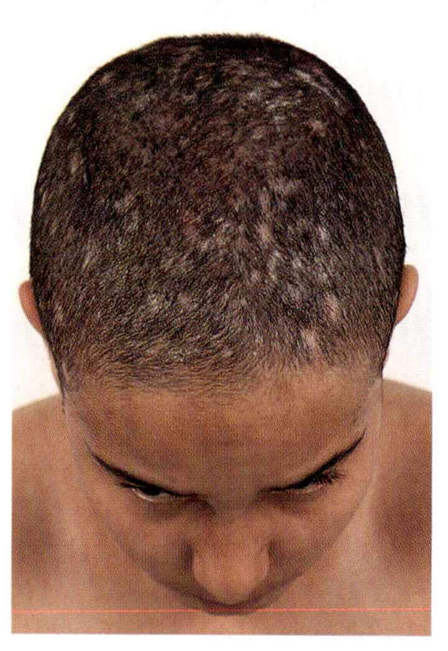

Abb. 28. Tinea capitis durch Trichophyton violaceum mit typischem Bild der partiellen Alopezie

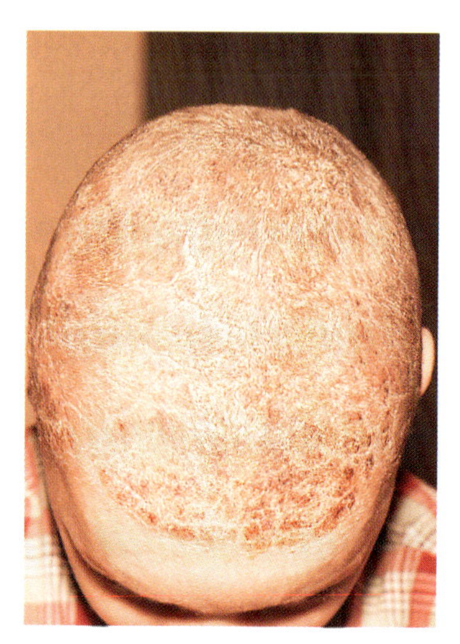

Abb. 29. Candidose des Kopfes bei immungeschwächtem Patienten

4 Befall der Nägel

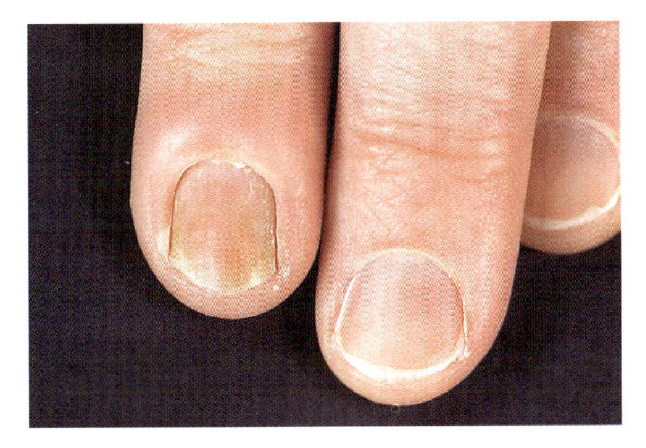

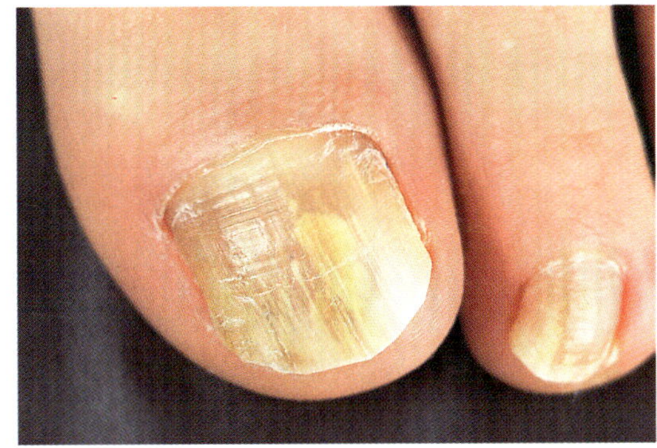

Abb. 30, 31. Onychomykose (Tinea unguium) – diskrete (30) und ausgeprägte (31) Form

Farbenpalette der Onychomykosen

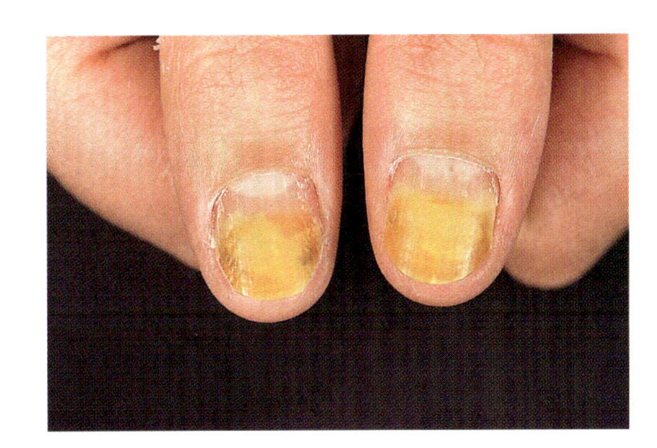

Abb. 32.

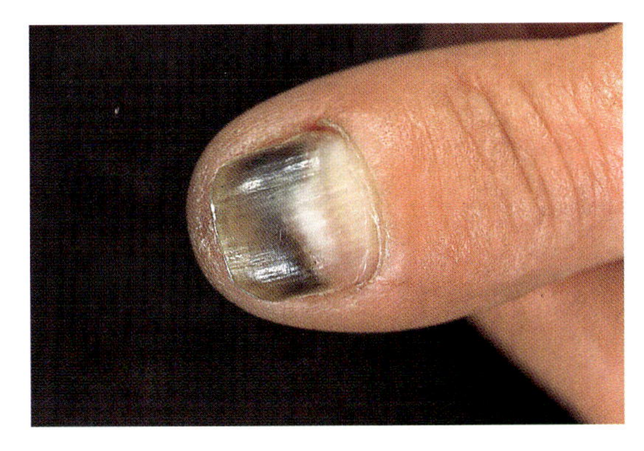

Abb. 33.

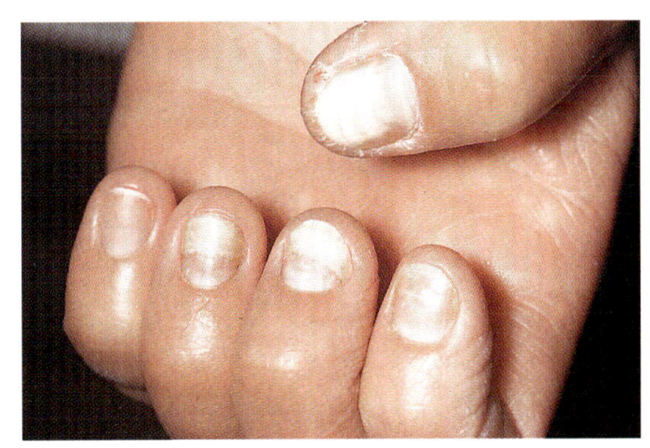

Abb. 34.

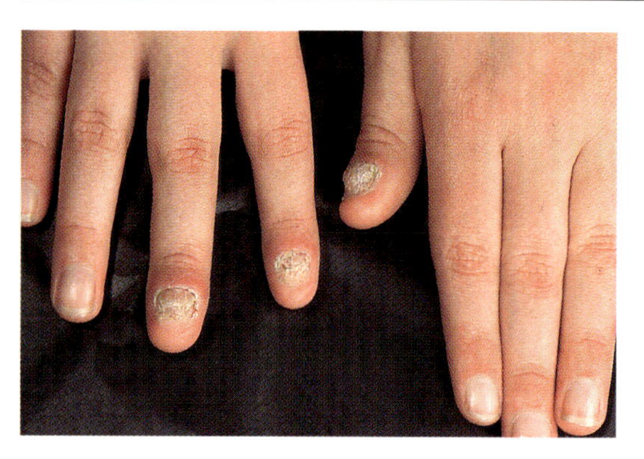

Abb. 35. Chronische Candidaparonchie mit Onychodystrophie

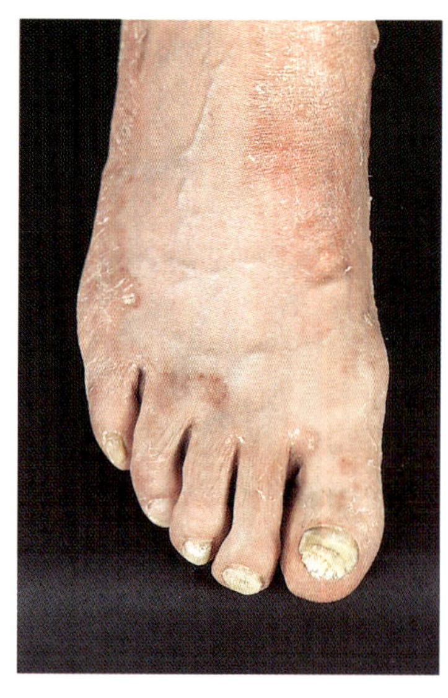

Abb. 36. Onychomykose mit Tinea pedum

5 Tiefe Mykosen

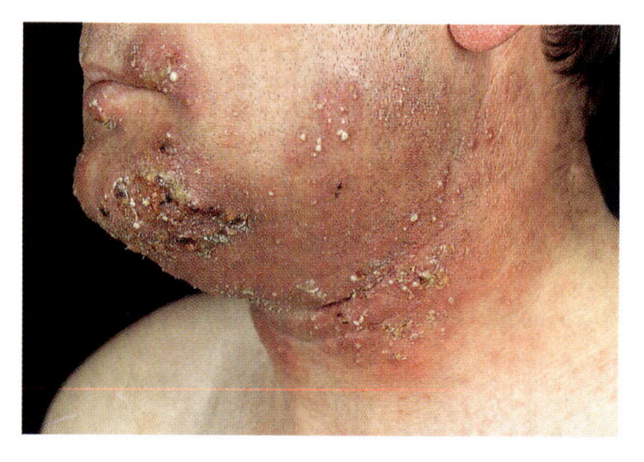

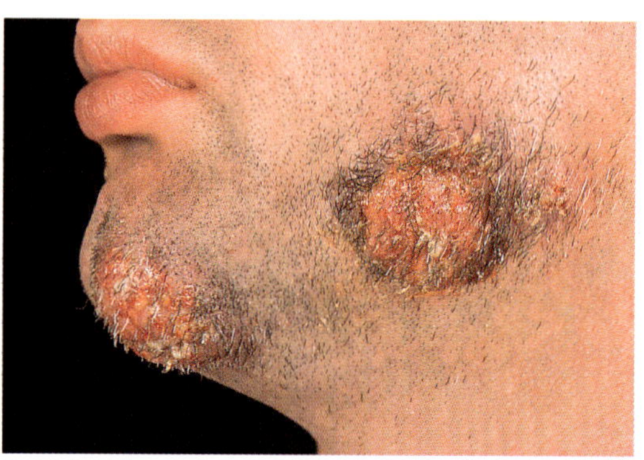

Abb. 37. Tinea barbae profunda (oben) Tinea microsporica (unten) Tinea trichophytica

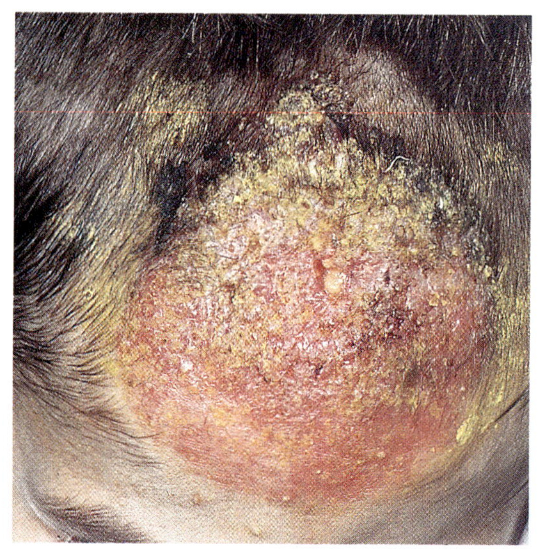

Abb. 38. Tinea capitis profunda

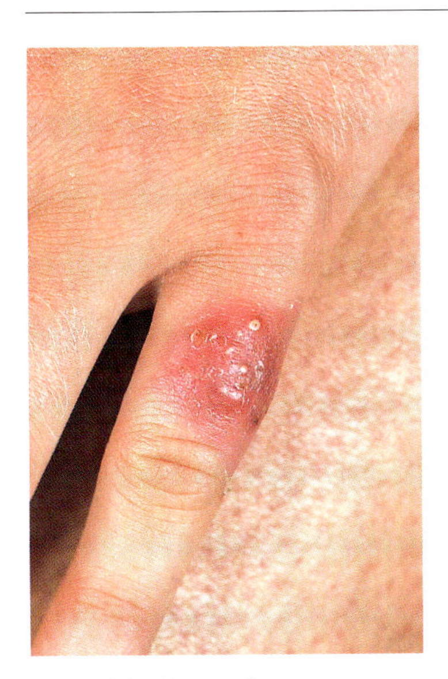

Abb. 39. Granuloma trichophyticum

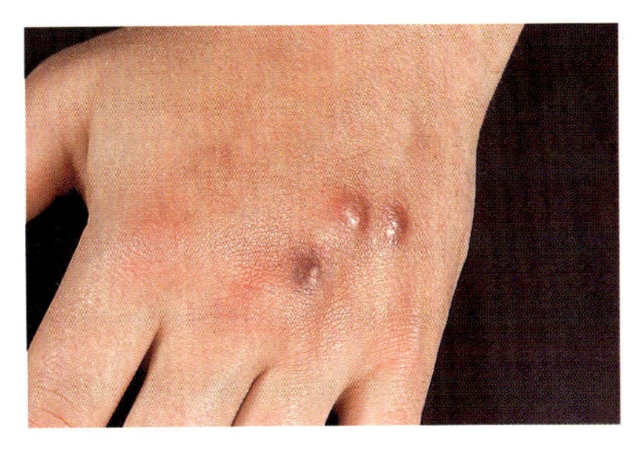

Abb. 40. Sporotrichose

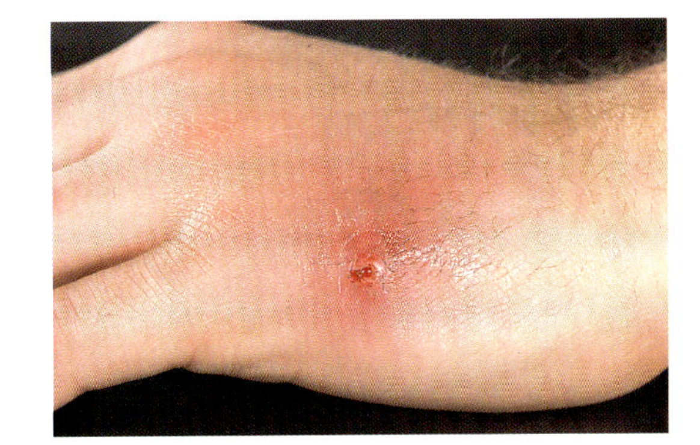

Abb. 41. Cryptococcose

Ähnliche klinische Bilder durch unterschiedliche Erreger

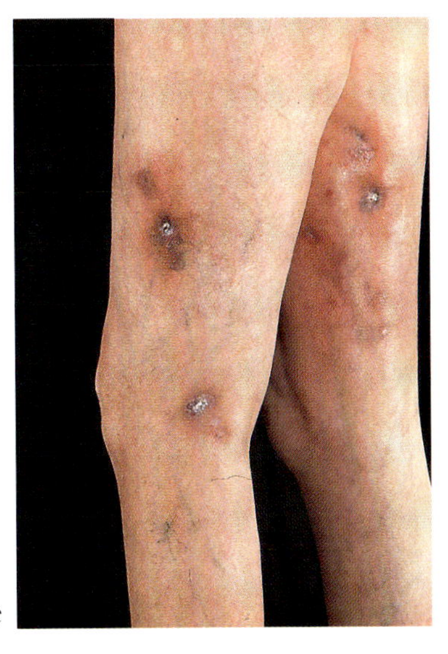

Abb.42. Candidagranulome

6 Säuglingsmykosen

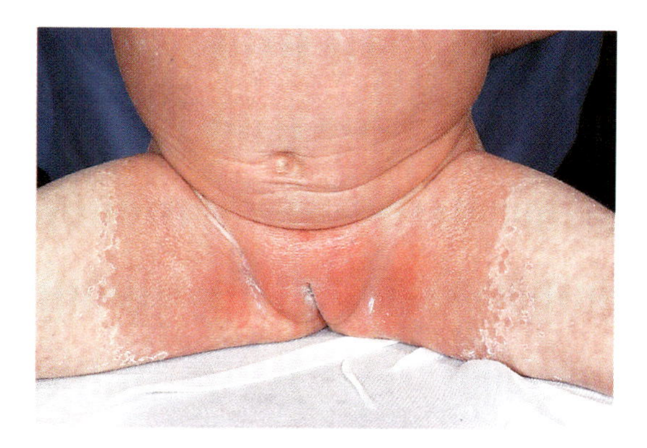

Abb. 43. Windeldermatitis mit intertriginöser Candidose

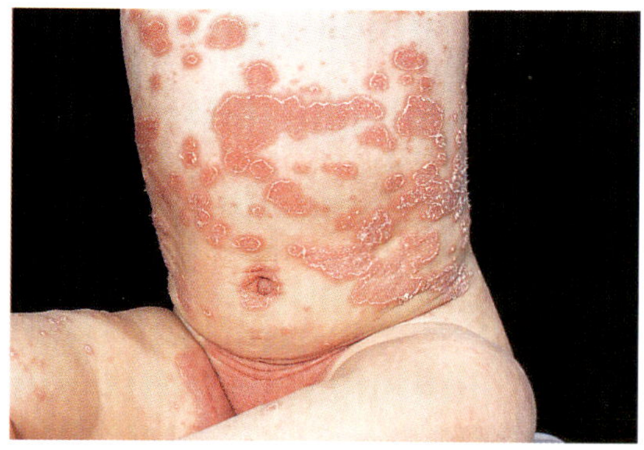

Abb. 44. Candidose im Stammbereich ausgehend von der Windeldermatitis durch Candida albicans

F Therapie

1 Unspezifische Behandlung

Die altbewährten Rezepturen von Farbstofflösungen, Schüttelmixturen und Pasten wurden zunehmend durch moderne, spezifische Antimykotika verdrängt. Trotzdem können sie in besonderen Fällen eine Alternative in der antimykotischen Behandlung darstellen. Im folgenden einige Beispiele:

- Sol. Castellani (Vorsicht Kontaktallergien!)
- Tinctura Arnig
- Jodtinktur 3 %
- Vioform-Lotion /-Zinköl 0,5 %
- Schwefel-Zink-Paste

2 Antimykotische Chemotherapeutika

Die modernen Antimykotika lassen sich in zwei Gruppen unterteilen:
1. Substanzen, die die Ergosterolsynthese der Pilze hemmen
2. Stoffe, die durch andere Mechanismen wirken.

Ergosterol ist bei Pilzen die wichtigste Sterolverbindung (Sterole = Bestandteile der Zellwand), die wesentlich zur Stabilität der Membranen beiträgt. Die Hemmung der Ergosterolsynthese kann über verschiedene Mechanismen erfolgen, und danach richtet sich die weitere Einteilung der Antimykotika:

Gruppe 1:
- *Allylamine und Thiocarbamate* – Hemmung der Epoxidhydrase
- *Azole* – Hemmung der Cytochrom-P450-abhängigen 14-α-Lanosteroldemethylase
- *Morpholine* – Hemmung der δ-14-Sterolreduktase (Anreicherung von Ignosterol)

Gruppe 2:
- *Polyenantibiotika* – Bindung an Ergosterol

2.1 Breitspektrumantimykotika (D-H-S)

2.1.1 Systemische Anwendung

- Ketoconazol
- Itraconazol

Diese beiden Substanzen aus der Gruppe der *Azolen* stehen zur oralen Therapie zur Verfügung. Dementsprechend haben sie sich besonders in der Behandlung von Systemmykosen, aber auch zur Therapie von Dermatomykosen, die eine intensivere Behandlung benötigen, bewährt.

Ketoconazol brachte besondere Fortschritte in der Behandlung von Candidamykosen, chronischer mukokutaner Candidosen und Candidaparonchie. Es wird auch zur Therapie von Mykosen der Haut, Schleimhäute und Haare *(Ausnahme – Mikrosporie!)* angewandt. Zur oralen Aspergillomtherapie ist Ketoconazol nicht zugelassen.

Itraconazol konnte wegen des günstigeren Nutzen-Risiko-Verhältnisses die Ketoconazoltherapie in vielen Bereichen ersetzen. Es ist für die Behandlung der Pityriasis versicolor, Tinea corporis, Tinea pedis et manum, Onychomykose, der mykotischen Keratitis (Aspergillus spp., Candida, Fusarium spp.) und der systemischen Mykosen zugelassen.

Beide Medikamente sind während der Schwangerschaft und der Stillzeit *kontraindiziert.* Eine Schwangerschaft sollte *bis zu vier Wochen nach Beendigung* der Itraconazoltherapie verhindert werden.

2.1.2 Topische Anwendung

Imidazole
- Ketoconazol
- Bifonazol
- Clotrimazol
- Econazol
- Isoconazol
- Miconazol
- Oxiconazol

Pyridone
* Ciclopiroxolamin

Allylamine
* Naftifin
*Terbinafin

Thiocarbamate
*Tolnoftat

Das Risiko der unerwünschten Wirkungen wird bei der topischen antimykotischen Behandlung auf ein Minimum reduziert. Es sollte jedoch auf die *Sensibilisierungserscheinungen* geachtet und hier an die möglichen *Kreuzreaktionen* unter den einzelnen Azolderivaten gedacht werden.

Aus der Gruppe der Pyridone ist *Ciclopiroxolamin* durch eine, gegenüber anderen Antimykotika, gute Penetration des Nagels charakterisiert. Durch die benutzerfreundliche Zubereitung in Form von Nagellack stellt diese Substanz einen wesentlichen Fortschritt in der Behandlung der Onychomykosen dar.

Naftifin war der erste Vertreter der neben den Morpholinen, neuesten Arzneimittelgruppe der Allylamine (siehe 4.1.).

Thiocarbamate besitzen in vitro, besonders gegenüber T. mentagrophytes, T. verrucosum und der Microsporumgruppe, eine hohe Wirksamkeit.

2.2 Antimykotika gegen Dermatophyten und Hefen (D-H)

2.2.1 Topische Anwendung

Morpholine
- Amorolfin

Die erste Substanz dieser neuen Gruppe der Antimykotika hat durch ihre Fähigkeit den Nagel zu penetrieren zu einem deutlichen Fortschritt in der Therapie der Onychomykose geführt. Das Mittel wird ebenfalls als Nagellack angeboten.

2.3 Antimykotika gegen Dermatophyten (D)

2.3.1 Systemische und topische Anwendung

- Griseofulvin

Allylamine
*Terbinafin

Griseofulvin ist bezogen auf die Häufigkeit seiner Anwendung (seit 1959) ein relativ sicheres Mittel, kann aber vielfältige unerwünschte Wirkungen verursachen. Aufgrund der möglichen Blutbildveränderungen sollte im ersten Monat der Behandlung das *Blutbild* zweimal kontrolliert werden und später alle zwei bis drei Monate. Es wird seitens des BGA empfohlen, dieses Mittel mit *Konzeptionsschutz* zu verordnen, und Männer sollen nicht nur während der Behandlung, sondern auch sechs Monate danach, nicht zeugen. Während der Schwangerschaft ist Griseofulvin *kontraindiziert.* Das Medikament wird interindividuell sehr unterschiedlich resorbiert, durch eine *Dosisverteilung auf 4viermal* täglich können höhere und konstantere Plasmaspiegel erreicht werden. Erkenntnisse zur Resistenzentwicklung sind umstritten – vereinzelt wurde über eine Resistenz von T. mentagrophytes berichtet.
Terbinafin gehört, wie schon oben erwähnt, zu den neuesten antimykotischen Arzneimitteln. Obwohl die Substanz in der topischen Anwendung als Breitspektrumantimykotikum eingestuft wurde, ist sie bei der oralen Gabe für die Behandlung der durch Dermatophyten verursachten Pilzinfektionen (insbesondere der Onychomykose) und als Behandlungsversuch bei Mischinfektionen der Nägel mit Hefen zugelassen.

2.4 Antimykotika gegen Hefen und einige Schimmelpilze (H-S)

Bei Hefe-Infektionen ist der Befall mit Candida albicans immer noch am häufigsten, jedoch wurde in den letzen Jahren in vielen medizinischen Zentren ein Erregerwechsel von C. albicans zu C. glabrata beobachtet. Therapeutisch ist hier zu beachten, daß bei **C. glabrata** eine Resistenz gegenüber *Fluconazol* vorliegt und eine weitere gegenüber *Fluocytosin* vorkommen kann. Bei **C. krusei** wurden ebenfalls Resistenzen gegenüber diesen beiden Substanzen beobachtet.

2.4.1 Systemische Anwendung

Polyenantibiotika
- Amphotericin B
- Nystatin

Triazole
- Fluconazol

Pyrimidine
*Flucytosin

Alle Präparate werden zur Behandlung und gegebenenfalls zur Prophylaxe von Systemmykosen angewandt. Bei der parenteralen Gabe sind besondere Vorsichtsmaßnahmen hinsichtlich der Therapieüberwachung einzuhalten. Wegen der fehlenden gastrointestinalen Resorption ist die orale Gabe der Polyenantibiotika als *topische Applikation* zu betrachten.
Flucytosin spielt in der prophylaktischen Therapie (Kryptokokken-Meningitis) bei Patienten mit AIDS eine wichtige Rolle.

2.4.2 Topische Anwendung

Polyenantibiotika
- Amphotericin B
- Nystatin

Beide Substanzen sind bei der Behandlung der kutanen Candidose etwa gleich wirksam und können alternativ verordnet werden.

3 Einige praktische Hinweise zur antimykotischen Therapie der Haut und ihrer Anhangsgebilde

Zur Sicherstellung einer optimalen Effektivität der Behandlung sollten in der Entscheidung für ein spezielles Antimykotikum und bezüglich der Therapiedauer folgende Faktoren berücksichtigt werden:
- Anamnese des Patienten
  - Mykologische Erkrankungen (Chronizität, Rezidivhäufigkeit),
  - Immunologische Situation,
  - Chronische Allgemeinerkrankungen (insbesondere Stoffwechselkrankheiten, Tumorleiden)
- Das klinische Bild des Befalls
  - Ausbreitung (mykologischer Status bei Erstuntersuchung),
  - Tiefe (oberflächliche oder tiefe Mykose),
  - Ausprägung der entzündlichen Komponente,
  - Anatomische und physiologische Gegebenheiten des befallenen Organs, z. B. die Regenerationszeit des Stratum corneum dauert etwa zwei bis drei Wochen,

das Herauswachsen des Haars oberhalb der Hautoberfläche erfolgt innerhalb von ca. vier Wochen, des Nagels von der Nagelmatrix bis außerhalb der Cuticula innerhalb von ein bis drei Monaten,
die Nagelwachstumsgeschwindigkeit beträgt ca. 0,9 mm/ Woche und ist an den Zehen um ein Mehrfaches langsamer als an den Fingern

- Vollständige mykologische Diagnostik (Pilzbestimmung in der Kultur)
- Kontagiosität der Erkrankung
- Compliance des Patienten

Um die Wiederansteckungsquellen auszuschalten, sollte die Frage nach mykologischen Erkrankungen bei den Familienmitgliedern, anderen Kontaktpersonen und Haustieren abgeklärt und gegebenenfalls die Behandlung dieser Vektoren veranlaßt werden.
Eine Kontrolle des Therapieerfolgs *nach dem Abklingen der Wirksamkeit des Präparates* ist auf jeden Fall zu empfehlen.

G Mykologisches Glossar

- **Aleuriospore:** terminale oder laterale Chlamydospore.
- **Apophyse:** Anschwellung der Hyphe meist unmittelbar unterhalb des Sporangiums.
- **Arthrospore:** Gliederspore, entstanden durch die Fragmentierung (asexuell) von Hyphen, kettenförmig angeordnet. Häufig als Dauerform.
- **Ascus:** Sporenbehälter mit zwei bis acht Ascosporen, die durch Meiose entstanden sind.
- **Askospore:** sexuelle, runde oder ovale Spore – oft in Gruppen im Inneren eines Ascus.
- **Blastospore:** durch Sprossung entstandene Spore.
- **Columella:** steriles Ende eines Sporangienträgers, das zum Teil in das Sporangium hineinragt.
- **Chlamydospore:** Asexuelle, dickwandige, interkalar (in der Hyphe) und/oder terminal (am Ende der Hyphe) gelegene Spore, die im gewissen Sinne die Funktion eines Dauerorgans hat.
- **Fruktifikationsorgane:** Strukturen, die der Fortpflanzung und Verbreitung der Pilze dienen.
- **Fungus** (pl. Fungi) : Echte Pilze sind chlorophyllose Organismen mit Zellkernen, die sich sexuell und/oder asexuell vermehren. Ihre Zellwände enthalten Zellulose und/oder Chitin.
- **Hyphe:** Pilzfaden – septiert oder unseptiert; verzweigt oder unverzweigt.
- **Imperfektes Stadium:** asexuelles Vermehrungsstadium.
- **Konidie:** asexuelle Fruchtform, die der Vermehrung dient und am Ende einer Hyphe oder eines Konidienträgers durch Abschnürung entsteht.
- **Makrokonidie:** große, teilweise dickwandige, in mehrere Kammern unterteilte Konidie.
- **Mikrokonidie:** eine ein- bis -zweizellige, rundliche, birnen-förmige oder zylinderförmige Konidie (Spore).
- **Myzel:** Geflecht, vegetativer Teil des Pilzes.
- **Perfektes Stadium:** sexuelles Vermehrungsstadium.
- **Phialide:** sporentragende Zelle mit einer schlauchförmigen Spitze, an der Sporen abgeschnürt werden.
- **Pseudomyzel:** aneinander gereihte längliche Blastosporen.
- **Rhizoid:** Wurzelähnliche Struktur ohne Kerne.
- **Septum:** Querwand der Hyphe.
- **Sporangium:** asexuelles Fortpflanzungsorgan in Form eines „Sporenbehälters", der Sporangiosporen (Sporen) enthält.
- **Spore:** ein- oder mehrkernige, meist dickwandige Vermehrungs- und Verbreitungszelle, die keine Geschlechtszelle (Gamete) darstellt.

H Literatur

1. Ahlheim, K.-H., Liebisch, F., Thuy, E. (1994) Meyers Taschenlexikon Biologie in 3 Bd. B.I.-Taschenbuchverlag. Mannheim-Leipzig-Wien-Zürich
2. Babel, D.E.(1994) How to identify fungi. *J. Am. Acad. Dermatol.* **31**, 108–111
3. Bunse, T. (1990) Entwicklung der Dermatophytenflora in der Region Köln von 1966 bis 1989. *H + G* **66** (2), 113–116
4. Bunse, T., Merk, H. (1992) Mycological aspects of inhalative mould allergies. *Mycoses* **35**, 61–66
5. Clayton, I., Midgley, G. (1985) Medical Mycology. London-New York
6. Clayton, Y.M. (1993) Klinische und mykologische Aspekte in der Diagnostik der Onychomykosen und Dermatomykosen. *H + G* **68**, Supp. 1, 43–46
7. Dittrich, O., Rieth, H. (1992) Pilzinfektionen des Menschen: Mykosen der Haut und Haare. *Med. Mo. Pharm.* **5**, 130–132
8. Dittrich, O., Rieth, H. (1992) Pilzinfektionen des Menschen: Nagelmykosen. *Med. Mo. Pharm.* **7**, 206–209
9. Frey, D., Oldfield, R.J., Bridger, R.C. (1979) A color Atlas of Pathogenic Fungi. Wolfe Medical Publications LTD
10. Gravesen, S. (1979) Fungi as a cause of allergic disease. *Allergy* **34**, 135–154
11. Greer, D.L. (1994) An overview of common dermatophytes. *J. Am. Acad. Dermatol.* **31**, 112–116
12. Greer, D.L. (1994) Differentiating yeasts from bacteria in the physician's office. *J. Am. Acad. Dermatol.* **31**, 111–112
13. Hay, R.J. (1992) Treatment of dermatomycoses and onychomycoses-state of the art. *Clin. Exp. Dermatol.* **17** Supp., 2–5
14. Hay, R.J. (1993) Die gegenwärtige Therapie der Dermatomykosen und Onychomykosen. *H+G* **66**, 113–116
15. Heinic, G.S., Greenspan, D. et al. (1992) Oral Geotrichum candidum infection associated with HIV infection. *Oral Surg Oral Med Oral Pathol* **73**, 726–8
16. Hof, H. (1993) Darmmykosen-gibt's die? *Leber Magen Darm* **23**, 184–185
17. Kersten, W., Wahl, P.G. (1989) Schimmelpilzallergie. *Allergologica* **12**, 174–178
18. Krempl-Lamprecht, L. (1985) Bedeutung saisonal auftretender Schimmelpilze als Allergene. *Allergologie,* Sonderheft 1, 26–30
19. Merk, H., Bickers, D.R. (1992) Dermatopharmakologie und Dermatotherapie. Blackwell, Oxford Berlin
20. Merk, H.F. (1993) Antimykotika. *Hautarzt* **44**, 257–267
21. Müller, E., Löffler, W. (1982) Mykologie-Grundriß für Naturwissenschaftler und Mediziner. Thieme. Stuttgart, New York
22. Nolting, S., Fegeler, K. (1993) Medizinische Mykologie. Springer. Berlin Heidelberg
23. Radenz, W.H. (1991) Fungal skin infections associated with animal contact. *AFP* **43**, 1253–1256
24. Rebell, G., Taplin, D. (1979) Dermatophytes their recognition and identification. University of Miami Press
25. Richardson, M.D. (1989) Diagnosis and pathogenesis of dermatophyte infections. *BJCP* Supp.71, 98–102
26. Seeliger, H., Heymer, Th. (1981) Diagnostik pathogener Pilze des Menschen und seiner Umwelt. Thieme. Stuttgart
27. Summerbell, R.C., Kane, J., Krajden, S. (1989) Onychomycosis, Tinea Pedis and Tinea Manuum caused by Non-Dermatophytic Filamentous Fungi. *Mycoses* **32** (8), 609–619
28. Williams, H.C. (1993) The epidemiology of onychomycosis in Britain. *Br. J. Dermatol.* **129**, 101–109
29. Zaias, N. (1993) Die klinischen Manifestationen der Onychomykose. *H + G* **68**, Supp. 1, 13–14